U0376796

500种野菜
野外识别速查图鉴

岳桂华　王以忠　于爱华　编著

化学工业出版社

·北京·

本书收录了野外较常见的植物500种，主要包括有文献记载可食用的植物、据研究证实有毒的植物、常用于中药的植物等。每一种植物均配有突出植物识别特征的彩色图片，并对植物的识别特征、分布、药用、食用、毒性等信息进行了简要的文字描述。本书内容按照野外观察植物的感官认识的层层深入进行编排，首先按照植物的大小、直立或匍匐、草本或木本、水生或陆生等进行大体分类，再根据叶的形态进一步分类。读者可以通过查阅本书中每一植物的特征性图片及植物特征文字描述对植物进一步鉴别。本书适合中医药、植物学、农学、园林学等专业人员及植物爱好者参考阅读。

图书在版编目（CIP）数据

500种野菜野外识别速查图鉴／岳桂华，王以忠，于爱华
编著．—北京：化学工业出版社，2015.8（2025.5重印）
　ISBN 978-7-122-24597-7

　Ⅰ．①5…　Ⅱ．①岳…②王…③于…　Ⅲ．①野生植物-
蔬菜-识别-图解　Ⅳ．①S647-6

中国版本图书馆CIP数据核字（2015）第155371号

责任编辑：赵兰江　　　　　　　　　　　装帧设计：关　飞
责任校对：宋　玮

出版发行：化学工业出版社
　　　　　（北京市东城区青年湖南街13号　邮政编码100011）
印　　装：北京瑞禾彩色印刷有限公司
889mm×1194mm　1/64　印张9　字数354千字
2025年5月北京第1版第22次印刷

购书咨询：010-64518888
售后服务：010-64518899
网　　址：http://www.cip.com.cn
凡购买本书，如有缺损质量问题，本社销售中心负责调换。

定　　价：48.00元　　　　　　　　　　版权所有　违者必究

前　言

　　本书名中野菜泛指一切野外生长的植物，编写本书的主要目的是帮助读者在野外快速识别植物。为了增加本书的实用性，编者参阅了有关中医药、植物学及关于野菜食用的文献，将植物的药用、食用、毒性等内容列于每种植物名后面，便于读者查阅。

　　有许多植物虽然古人认为可食用，但随着科学的发展和研究的深入，被证实有毒。这儿所说的有毒是指一切可以引起身体不适的作用，如蕨菜自古至今被人们长期食用，但近期研究发现有致癌作用。有些具有药理作用的植物如果正常人食入后就会引起不适症状，而据《中华本草》记载，目前绝大多数的野外生长的植物均有一定的药理作用，这些药理作用可以有针对性地用于治病，如果健康的正常人超量食入就会引起中毒症状。从这个意义上讲，大多数野外生长的植物无论有毒否，从中医药的角度看，均不适合非对症人群超量食用。所以，在物质丰富的今天，我们不提倡吃野菜，更不提倡多吃或长期吃野菜，一些有小毒或毒理不清的野菜更不可食用。

　　编者在查阅大量有关植物、中草药、野菜等文献的基础上，有针对性地选择了目前野外较常见的植物500种，包括有文献记载可食用的植物、据研究证实有毒的植物、常用于中药的植物等。将有毒植物和常用中药植物收录入本书的目的是帮助读者能够全面认识野外植物，避免误采误食有毒植物。认识一些常用的药用植物，不仅可以丰富自己的知识，还可能在必要时用于自救或救人。

为便于非植物学专业的普通读者快速锁定查阅范围、快速识别植物，编者对本书内容进行了独特的编排。本书主要按照野外观察植物的感官认识的层层深入来编排内容，如读者野外首先看到的是植物的大小、直立或匍匐、草本或木本、水生或陆生等，本书就先从这些方面对植物进行大体分类。植物叶的形态变异度较小，且在生长期及枯萎期均存在，所以本书选择从植物叶的形态上入手进一步对植物进行分类，从而进一步缩小识别范围。最后读者可以通过查阅本书中每一植物的特征性图片及植物特征文字描述对植物进一步鉴别。

本书仅介绍植物相关知识，请勿擅自采集野生植物药用或食用，如要采集野生植物使用，请在专业人员指导下使用，并请注意保护野生植物资源。

由于编者知识水平有限、参考文献不够全面，书中会存在疏漏或不足之处，敬请广大读者不吝指正。

编　者

2015年6月

目 录

使用说明 / 001

一、植物分类术语图解及本书分类方法 ·········· 001

二、如何通过本书快速识别植物 ·················· 014

第一部分　直立草本植物 / 019

一、陆地生植物 ··· 020

（一）茎生叶明显 ··· 020

1. 单叶、叶卵圆形 ··· 020

（1）叶缘整齐、叶互生 ···························· 020

（2）叶缘整齐、叶对生和轮生 ················ 059

（3）叶缘有齿、叶互生 ···························· 071

（4）叶缘有齿、叶对生或轮生 ················ 092

2. 单叶、叶长条形 ··· 109

（1）叶互生 ··· 109

（2）叶对生和轮生 ································· 127

3. 单叶、叶分裂 ································· 138
　（1）羽状裂叶、叶互生 ················· 138
　（2）羽状裂叶、叶对生 ················· 177
　（3）掌状裂叶 ························· 183
　（4）其他形裂叶 ····················· 191
4. 复叶 ····································· 211
　（1）羽状复叶 ························· 211
　（2）三复叶 ························· 228

（二）无茎生叶或茎生叶不明显 ············· 244

1. 卵圆形单叶 ····························· 244
2. 条形叶 ································· 258
3. 叶分裂 ································· 279
4. 复叶 ································· 288
5. 无明显叶 ····························· 295

二、水中生植物 ······························· 299

第二部分　藤蔓类植物 / 313

一、匍匐草本 ································· 314

（一）单叶 ································· 314

1. 叶互生 ································· 314

   2. 叶对生和轮生 ·· 322

  （二）复叶 ·· 332

二、草质藤本 ··· 339

  （一）单叶 ·· 339

    1. 叶不分裂 ··· 339

     （1）叶互生 ·· 339

     （2）叶对生 ·· 351

     （3）叶轮生 ·· 360

    2. 叶分裂 ··· 363

  （二）复叶 ·· 373

三、木质大藤本 ··· 377

  （一）单叶 ·· 377

    1. 叶缘整齐 ··· 377

    2. 叶缘有齿 ··· 391

    3. 叶分裂 ··· 397

  （二）复叶 ·· 401

    1. 羽状复叶 ··· 401

    2. 三复叶和掌状复叶 ·· 408

第三部分 灌木和乔木 / 415

一、单叶 416

（一）叶缘整齐 416

1. 叶互生 416
2. 叶对生和轮生 442

（二）叶缘有齿 459

1. 叶互生 459
2. 叶对生 486

（三）叶分裂 493

二、复叶 505

（一）羽状复叶 505

1. 奇数羽状复叶 505
2. 偶数羽状复叶 533

（二）掌状复叶 543

参考文献 / 550

索引 / 552

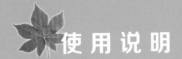

使用说明

　　如何通过本书快速查找到要识别的植物。首先要学习植物分类术语和本书植物分类方法，然后按照"如何通过本书快速识别植物"节的检索图一步步观察植物并锁定本书中相对应的植物品种，最后通过阅读具体植物的特征文字描述及彩色图片来鉴别。

一、植物分类术语图解及本书分类方法

（一）茎

　　1.直立草本植物：本书将茎直立、茎斜生的草本植物归类为直立草本植物，该分类植物的主要特征为植物茎自根部与地面脱离向上生长。

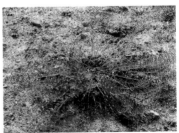

茎直立　　　　　　　　　　　茎斜生

2. 无茎植物：有些植物的茎完全隐藏在地下，地面上只能看到其叶和花梗，这种植物称为无茎植物。本书将无茎植物及地上茎不明显或茎生叶不明显者归类为无地上茎和茎生叶不明显植物。

无茎植物

茎生叶不明显植物

3. 匍匐草本植物：本书将茎斜倚、茎匍匐、茎平卧的植物归类为匍匐草本植物。该分类植物的主要特征为植物茎与地面有较多接触或与地面平行，仅有小部分脱离地面向上生长。

4. 藤本植物：藤本植物是指一切具有长而细弱的茎，不能直立，只能倚附其他植物或有其他物支持向上攀升的植物。藤本植物包括缠绕藤本和攀援藤本两种，缠绕藤本

茎斜倚

茎平卧

茎匍匐

缠绕藤本

攀援藤本

的特点是以茎藤缠绕于其他物体上生长，攀援藤本则多以卷须、小根、吸盘等攀登于其他物体上生长。本书将攀援灌木归类为木质藤本。

5.灌木与乔木

（1）灌木：灌木是没有明显主干的木本植物，植株一般不会超过6米，从近地面的地方就开始丛生出横生的枝干。半灌木指在木本与草本之间没有明显区别，仅在基部木质化的植物，本书将这类植物归类为直立草本植物。

（2）乔木：乔木是指树身高大的树木，有一个独立明显主干，高通常在6米以上，树干和树冠有明显区分。本书将有如下特征的树木归类为小乔木：有明显的茎干，树干与树冠有明显的区分，但是树干的高度小于树冠的高度或植株高度多低于6米。乔木状是一种中间类型，指形状如乔木的灌木。

因为木本植物为多年生植物，低龄乔木与高龄灌木难

灌木

乔木

以从高度上区别开来，且在人工修剪的情况下，有些高龄灌木也会有明显的主干，因此本书没有按灌木、乔木分类，而是将其统一归为灌木与乔木类。

（二）叶

1.叶的形状

（1）长条形：本书将条形、带形、部分披针形叶归类为长条形，长条形的主要特征是叶的宽度较小、长度明显大于宽度，长度多为宽度的4倍以上。

（2）卵圆形：本书将除条形、带形、针形叶外的叶形归为卵圆形，包括长圆形、椭圆形、卵形、心形、肾形、圆形、三角形、匙形、菱形、扇形、提琴形等。该形叶的特点是长度多为宽度的4倍以下。

条形　　　　披针形　　　　卵形

椭圆形　　　　　　　圆形　　　　　　　　心形

2.叶的边缘

（1）叶缘整齐：本书将叶缘整齐无锯齿、无分裂的统一归类为叶缘整齐，包括全缘和波状。

（2）叶缘有齿：本书将叶缘有锯齿的统一归类为叶缘有齿。叶缘有齿的特征为齿较浅、较规则、排列整齐。

（3）叶分裂：本书将叶边缘有缺刻、分裂的归类为叶

叶缘整齐　　　　　　圆齿　　　　　　　　锯齿

分裂。叶分裂的特征为裂较深、欠规则、排列欠整齐。本书将羽状分裂归为羽状裂叶，掌状分裂归为掌状裂叶，将缺刻的、其他不规则分裂归为其他形裂叶。

叶缺刻

羽状浅裂

倒向羽裂

二回羽状分裂

掌状裂

鸟足状分裂

三浅裂

3.复叶：有两片以上分离的叶片生在一个总的叶柄上，这种叶子称为复叶。复叶分为羽状复叶、掌状复叶、三出复叶、二出复叶、单身复叶等，小叶数为单数的羽状复叶为奇数羽状复叶，小叶数为双数的复叶为偶数羽状复叶。本书在灌木与乔木部分将羽状三出复叶归为奇数羽状复叶，将掌状三出复叶归为掌状复叶。

奇数羽状复叶

三出复叶

二出复叶

掌状复叶

4.叶序：叶序指叶在茎或枝上的排列方式，包括叶对生、叶互生、叶轮生等。本书将轮生、对生分为一类，有的植物既有对生又有互生，本书以植株上部叶的生长方式来确定归类。

叶互生

叶对生

轮生

（三）花

1.**花冠**：花冠是花的最明显部分，由花瓣构成，花冠的花瓣合生的叫合瓣花冠，在合瓣花冠中其连合部分称为花冠筒，其分离部分称为花冠裂片。按花冠形状分为筒状、漏斗状、钟状、高脚碟状、辐状、蝶状、唇形、舌状等。

唇形花

蝶形花

辐状花

漏斗状花

钟状花

2.花序：花序是指花排列于花枝上的情况，按照花序结构形式，可分为穗状花序、总状花序、头状花序、伞形花序、轮伞花序、复伞花序、聚伞圆锥花序等。

穗状花序

总状花序

复伞花序

伞形花序

轮伞花序

聚伞圆锥花序

头状花序

（四）果实

果实可分为聚合果、聚花果、单果。单果分为干燥而少汁的干果和肉质而多汁的肉果两大类。

1.干果

（1）开裂的干果：包括蓇葖果、荚果、蒴果等。

（2）不开裂的干果：包括瘦果、颖果、长角果、短角果、翅果、坚果等。

2.肉果：包括浆果、柑果、瓠果、梨果、核果等。

聚合果

聚花果

蓇葖果

瘦果

荚果

颖果

长角果

蒴果

短角果

翅果

坚果　　　　　胞果　　　　　柑果

瓠果　　　　　梨果　　　　　核果

二、如何通过本书快速识别植物

本书通过以下几个检索图引导读者一步步观察植物和缩小鉴别植物范围。该方法只适用于本书。

检索图 1：植物形态分类检索

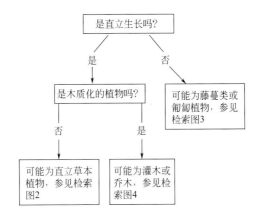

检索图2：直立草本植物

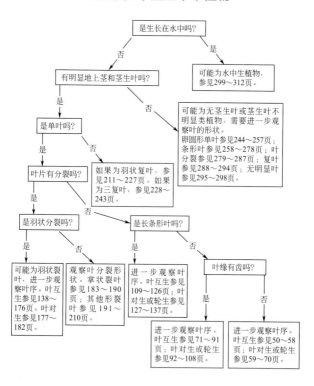

是生长在水中吗？

否 → 有明显地上茎和茎生叶吗？

是 → 可能为水中生植物，参见299～312页。

有明显地上茎和茎生叶吗？

是 → 是单叶吗？

否 → 可能为无茎生叶或茎生叶不明显类植物，需要进一步观察叶的形状。卵圆形单叶参见244～257页；条形叶参见258～278页；叶分裂参见279～287页；复叶参见288～294页；无明显叶参见295～298页。

是单叶吗？

是 → 叶片有分裂吗？

否 → 如果为羽状复叶，参见211～227页。如果为三复叶，参见228～243页。

叶片有分裂吗？

是 → 是羽状分裂吗？

否 → 是长条形叶吗？

是羽状分裂吗？

是 → 可能为羽状裂叶，进一步观察叶序。叶互生参见138～176页。叶对生参见177～182页。

否 → 观察叶分裂形状。掌状裂叶参见183～190页；其他形裂叶参见191～210页。

是长条形叶吗？

是 → 进一步观察叶序。叶互生参见109～126页；叶对生或轮生参见127～137页。

否 → 叶缘有齿吗？

叶缘有齿吗？

是 → 进一步观察叶序。叶互生参见71～91页；叶对生或轮生参见92～108页。

否 → 进一步观察叶序。叶互生参见50～58页；叶对生或轮生参见59～70页。

检索图3：藤蔓类和匍匐植物

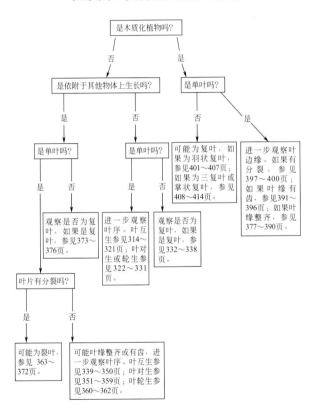

是木质化植物吗？

否 ─── 是

否分支：

是依附于其他物体上生长吗？

是 ─── 否

是分支：

是单叶吗？

是 ─── 否

是：观察是否为复叶，如果是复叶，参见373～376页。

叶片有分裂吗？

是 ─── 否

是：可能为裂叶，参见363～372页。

否：可能叶缘整齐或有齿，进一步观察叶序。叶互生参见339～350页；叶对生参见351～359页；叶轮生参见360～362页。

否（依附）分支：

是单叶吗？

是 ─── 否

是：进一步观察叶序。叶互生参见314～321页；叶对生或轮生参见322～331页。

否：观察是否为复叶，如果是复叶，参见332～338页。

是（木质化）分支：

是单叶吗？

否 ─── 是

否：可能为复叶，如果为羽状复叶，参见401～407页；如果为三复叶或掌状复叶，参见408～414页。

是：进一步观察叶边缘。如果有分裂，参见397～400页；如果叶缘有齿，参见391～396页；如果叶缘整齐，参见377～390页。

017

检索图4：灌木与乔木

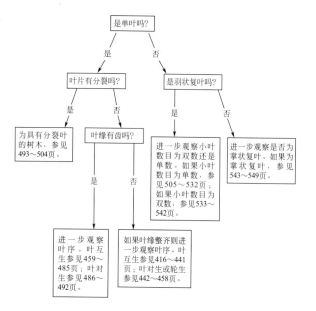

是单叶吗？

是 / 否

是 → 叶片有分裂吗？

否 → 是羽状复叶吗？

叶片有分裂吗？

是 → 为具有分裂叶的树木，参见493～504页。

否 → 叶缘有齿吗？

叶缘有齿吗？

是 → 进一步观察叶序。叶互生参见459～485页；叶对生参见486～492页。

否 → 如果叶缘整齐则进一步观察叶序。叶互生参见416～441页；叶对生或轮生参见442～458页。

是羽状复叶吗？

是 → 进一步观察小叶数目为双数还是单数。如果小叶数目为单数，参见505～532页；如果小叶数目为双数，参见533～542页。

否 → 进一步观察是否为掌状复叶。如果为掌状复叶，参见543～549页。

第一部分

直立草本植物

一、陆地生植物

（一）茎生叶明显

1. 单叶、叶卵圆形

（1）叶缘整齐、叶互生

叶下珠

【识别】一年生草本，高10～40厘米。茎直立，分枝常呈赤色。单叶互生，排成2列，形似复叶；叶片长椭

叶下珠

圆形。花腋生，细小，赤褐色。蒴果无柄，扁圆形，赤褐色，表面有鳞状凸起物。花期7～8月。分布江苏、安徽、浙江、江西、福建、广东、广西、四川、贵州、云南等地。

【药用】夏、秋二季采集地上部分或带根全草，洗净泥土，除去杂质，鲜用捣汁或捣敷。或晒干，切段，生用。有利湿退黄、清热解毒、明目、消积的功效。用于湿热黄疸、泻痢、淋证、疮疡肿毒、蛇犬咬伤、目赤肿痛、小儿疳积。煎服，15～30克，鲜品30～60克。外用适量。

【食用】春季采摘嫩茎叶，用开水焯熟，再用清水浸泡，捞出后加油盐调食。

附地菜

【识别】一年生草本，高5～30厘米。茎基部略呈淡

附地菜

紫色，纤细，直立或斜升。单叶互生，叶片匙形、椭圆形或长圆形，两面均具糙伏毛。聚伞花序成总状，花小，通常生于花序后侧；花萼5裂平展，喉部具5枚白色或带黄色附属物；花冠筒与花冠裂片等长。小坚果斜三棱锥状四面体形，黑色有光泽，背面具3锐棱。花期4～6月，果期7～9月。

【分布】生于田野、路旁、荒草地或丘陵林缘、灌木林间。分布于东北、华北、华东、西南及陕西、新疆、广东、广西、西藏等地。

【药用】初夏采收全草，鲜用或晒干。味辛、苦。有行气止痛、解毒消肿的功效。主治胃痛吐酸、痢疾、热毒痈肿、手脚麻木。煎服，15～30克。外用适量，捣敷或研末擦。

【食用】春季采集幼嫩茎叶，用沸水焯熟，可凉拌或炒食。

田紫草

【识别】一年生或二年生直立草本，高20～40厘米，全株被白色毛。叶互生，披针形或倒卵状椭圆形，全缘。花白色，单生于茎上部叶腋；花冠漏斗状，喉部具突起。小坚果灰色、稍有光泽，具轻微的疣状皱缩及微细的小疣。夏季开花，9月果熟。

【分布】生于多石质山坡、荒野草地或田间潮湿地带。分布东北、陕西、河北、江苏等地区。

【药用】7～9月果熟时采收果实，晒干。味甘、辛。有温中散寒、消肿止痛的功效。主治胃脘冷痛作胀、泛吐酸水、跌打肿痛、骨折。煎服，3～6克。外用适量，捣敷。

田紫草

梓木草

【识别】多年生草本，高15～25厘米。茎基部平卧，伸长，被粗毛，新枝自老枝叶腋生出，直立。单叶互生；长椭圆形、狭长椭圆形或倒卵状披针形，长1.5～6厘米，宽5～20毫米，先端圆钝，基部窄楔形，无柄或具短柄，表面具粗毛。花单生于上部叶腋，紫蓝色，很少白色；萼5裂，裂片线状披针形，先端锐尖；花冠管喉部有5白线射出，5裂，横径15～18毫米；雄蕊5；子房深4裂，花柱1。小坚果白色，长2.5～3毫米，平滑。花期4～5月。

【分布】生于向阳山地或林下。分布陕西、江苏、福建、浙江、安徽、湖北等地。

【药用】同田紫草。

梓木草

玉竹

【识别】多年生草本。茎单一，高20～60厘米。叶互生，无柄；叶片椭圆形至卵状长圆形。花腋生，通常1～3朵簇生，花被筒状，黄绿色至白色，先端6裂，裂片卵圆形。浆果球形，熟时蓝黑色。花期4～6月，果期7～9月。

【分布】分布于东北、华北、华东及陕西、甘肃、青海、台湾、河南、湖北、湖南、广东等地。

【药用】秋季采挖根茎，除去须根，洗净，晒至柔软后，反复揉搓，晾晒至无硬心，晒干；或蒸透后，揉至半透明，晒干。味甘。有养阴润燥、生津止渴的功效。主治肺胃阴伤、燥热咳嗽、咽干口渴、内热消渴。煎服，6～12克。

玉竹

【食用】春季采集幼苗，用沸水焯熟，再用清水浸洗，可炒食、做汤。秋季挖掘根状茎，去杂洗净，可蒸食、炖食。

鸭跖草

【识别】一年生草本，高15～60厘米。茎圆柱形，肉质，表面呈绿色或暗紫色。单叶互生，无柄或近无柄；叶片卵圆状披针形或披针形，全缘。总状花序，花3、4朵，花瓣3，深蓝色，较小的1片卵形，较大的2片近圆形，有长爪。蒴果椭圆形。花期7～9月，果期9～10月。

【分布】生田野间。全国大部分地区有分布。

【药用】夏、秋二季采收地上部分，晒干。有清热泻火、解毒、利水消肿的功效。主治感冒发热、热病烦渴、咽喉肿痛、水肿尿少、热淋涩痛、痈肿疔毒。煎服，15～30克。鲜品60～90克。

【食用】采集未开花的嫩茎叶，去杂洗净，用沸水烫一下，清水浸泡除去异味，可凉拌、炒食、做汤。

鸭跖草

土人参

【识别】一年生草本，高达60厘米。茎肉质，直立，圆柱形。叶互生，倒卵形或倒卵状长圆形，全缘，基部渐狭而成短柄。圆锥花序顶生或侧生；二歧状分枝；花小，淡紫红色；花瓣5，倒卵形或椭圆形；花期6～7月。蒴果近球形，3瓣裂，熟时灰褐色；果期9～10月。

【分布】生于田野、山坡、沟边等阴湿处。分布于江苏、安徽、浙江、福建、河南、广东、广西、四川、贵州、云南等地。

【药用】8～9月采挖根，晒干或蒸熟晒干。有补气润肺、止咳、调经的功效。主治气虚疲倦、食少、眩晕、潮热、盗汗、自汗、月经不调、带下、产妇乳汁不足。煎服，30～60克。

【食用】采集开花前嫩茎叶，用沸水焯熟，再用清水浸洗，可凉拌、炒食。

土人参

刺儿菜

【识别】多年生草本。茎直立，高30～80厘米。茎生叶互生，长椭圆形或长圆状披针形，两面均被蛛丝状绵毛，叶缘有细密的针刺或刺齿。头状花序单生于茎顶或枝端，花冠紫红色。瘦果长椭圆形，冠毛羽毛状。花期5～7月，果期8～9月。

【分布】全国大部分地区均有分布。

【药用】夏、秋季花开时采割地上部分（小蓟），晒干。味甘、苦。有凉血止血、散瘀解毒、消痈的功效。主治衄血、吐血、尿血、血淋、便血、崩漏、外伤出血、痈肿疮毒。煎服，10～15克，鲜品加倍。外用适量，捣敷患处。

【食用】4～5月采集幼苗，用沸水焯熟，再用清水浸泡去苦味，可炒食、凉拌、做汤或腌制咸菜。

刺儿菜

多花黄精

【识别】根状茎肥厚，通常连珠状或结节成块。茎高50～100厘米，通常具10～15枚叶。叶互生，椭圆形、卵状披针形至矩圆状披针形。花序具2～7花，伞形；花被黄绿色。浆果黑色。花期5～6月，果期8～10月。

【分布】生于林下、山坡草地。分布于东北及河北、山东等地。

【药用】同黄精。

【食用】春季采集嫩茎叶，用沸水焯熟，再用清水浸泡除去异味，可做汤、炒食。秋季末挖掘根状茎，刮去外皮，可炒食、做粥或炖食。

多花黄精

瑞香狼毒

【识别】多年生草本，高20～40厘米。茎丛生，基部木质化。单叶互生；无柄或几无柄；叶片椭圆状披针形，先端渐尖，基部楔形，两面无毛，全缘。头状花序，多数聚生枝顶，具总苞；花萼花瓣状，黄色或白色，先端5裂，裂片倒卵形，其上有紫红色网纹；萼筒圆柱状，有明显纵脉纹。果实圆锥形，包藏于宿存萼筒基部。花期5～6月，果期6～8月。

【分布】分布于东北、华北、西北、西南及西藏等地。

【药用】秋季挖根（狼毒），洗净，鲜用或切片晒干。有泻水逐饮、破积杀虫的功效。主治水肿腹胀、痰食虫积、心腹疼痛、癥瘕积聚、结核、疥癣。煎服，1～3克；或入丸、散。外用适量，研末调敷；或醋磨汁涂；或取鲜根去皮捣烂敷。

【毒性】根有大毒，可致腹部剧痛、腹泻。

瑞香狼毒

大戟

【识别】多年生草本。茎直立，上部分枝。单叶互生，长圆状披针形至披针形，全缘。聚伞花序顶生，通常有5伞梗，伞梗顶生1杯状聚伞花序，其基部轮生卵形或卵状披针形苞片5，杯状聚伞花序总苞坛形，顶端4裂，腺体椭圆形。蒴果三棱状球形，表面有疣状突起。花期4～5月，果期6～7月。

【分布】主要分布于江苏、四川、江西、广西等地。

【药用】秋、冬二季采挖根（京大戟），洗净，晒干。有泻水逐饮、消肿散结的功效。主治水肿胀满、胸腹积水、痰饮积聚、气逆咳喘、二便不利、痈肿疮毒、瘰疬痰核。煎服，1.5～3克；入丸、散服，每次1克。外用适量，生用。内服醋制用，以降低毒性。

【毒性】根有毒。

大戟

青葙

【识别】一年生草本，高30～90厘米，茎直立。单叶互生，叶披针形或长圆状披针形，全缘。穗状花序单生于茎顶，呈圆柱形或圆锥形，花被片5，白色或粉红色，披针形；花期5～8月。种子扁圆形，黑色，光亮；果期6～10月。

【分布】我国大部分地区有分布或栽培。

【药用】秋季果实成熟时采割植株或摘取果穗，晒干，收集种子。有清肝泻火、明目退翳的功效。主治肝热目赤、目生翳膜、视物昏花、肝火眩晕。煎服，10～15克。青光眼患者禁用。

【食用】采集幼苗和未开花嫩茎叶，用沸水焯熟，再用清水浸洗，可凉拌、炒食或入面蒸食。

青葙

珍珠菜

【识别】多年生直立草本，高30～90厘米，茎带紫红色。叶互生，长椭圆形或阔披针形。总状花序顶生，花密集，常转向一侧；花冠白色。花期4～5月，果期5～6月。

【分布】分布于我国东北、华北、华东、中南、西南及陕西等地。

【药用】秋季采收全草，鲜用或晒干。有清热利湿、活血散瘀、解毒消痈的功效。主治水肿、热淋、黄疸、痢疾、风湿热痹、带下、经闭、乳痈、疔疮。煎汤，15～30克；外用适量，煎水洗或鲜品捣敷。

【食用】全年可采集幼苗或嫩茎叶，用沸水烫一下，再用清水浸洗，可凉拌、炒食、做汤。

珍珠菜

鸡冠花

【识别】一年生直立草本，高30～80厘米。单叶互生，具柄，叶片长椭圆形至卵状披针形，全缘。穗状花序顶生，成扁平肉质鸡冠状、卷冠状或羽毛状；花被片淡红色至紫红色、黄白或黄色；花期5～8月。胞果卵形，种子肾形，黑色，有光泽；果期8～11月。

【分布】我国大部分地区有栽培。

【药用】秋季花盛开时采收花序，晒干。有收敛止血、止带、止痢的功效。主治吐血、崩漏、便血、痔血、赤白带下、久痢不止。煎服，6～15克。

【食用】夏季采集嫩花序，用沸水焯熟，可凉拌、炒食。

鸡冠花

三白草

【识别】多年生直立草本，高达1米。单叶互生，纸质，密生腺点，基部与托叶合生成鞘状，略抱茎；叶片阔卵状披针形，全缘；花序下的2～3片叶常于夏初变为白色，呈花瓣状。总状花序生于茎上端与叶对生，白色。蒴果近球形，表面多疣状凹起，熟后顶端开裂。花期5～8月，果期6～9月。

【分布】生长在沟边、池塘边等近水处。分布于河北、河南、山东和长江流域及其以南各地。

【药用】全年均可采地上部分，以夏秋季为宜，收取地上部分，洗净，晒干。有清热利水、解毒消肿的功效。主治热淋、血淋、水肿、脚气、黄疸、带下、痈肿疮毒、湿疹、蛇咬伤。煎服，10～30克；鲜品倍量。外用鲜品适量，捣烂外敷，或捣汁饮。

三白草

【毒性】全株有毒。

菘蓝

【识别】二年生草本，高50～100厘米。茎直立，光滑被粉霜。基生叶莲座状，叶片长圆形至宽倒披针形，全缘；茎生叶互生，长圆形至长圆状倒披针形，茎顶部叶宽条形，全缘，无柄。总状花序顶生或腋生，在枝顶组成圆锥状，花瓣4，黄色，倒卵形。角果长圆形，扁平翅状。花期4～5月，果期5～6月。

【分布】各地均有栽培。

【药用】夏、秋二季分2～3次采收叶（大青叶），除去杂质，晒干。有清热解毒、凉血消斑的功效。主治温病高热、神昏、发斑发疹、痄腮、喉痹、丹毒、痈肿。煎服，9～15克，鲜品30～60克。外用适量。

【食用及毒性】据文献记载可采摘嫩茎叶沸水中焯熟后，清水浸泡去苦味食。但现代有研究显示菘蓝茎叶有引起基因变异和骨髓抑制作用，建议不要食用。

菘蓝

火炭母

【识别】多年生草本，长达1米。茎近直立或蜿蜒。叶互生，有柄，叶片卵形或长圆状卵形，全缘。头状花序排成伞房花序或圆锥花序，花白色或淡红色，花被5裂，花期7～9月。瘦果卵形，有3棱，黑色，光亮，果期8～10月。

【分布】生于山谷、水边、湿地。分布于华东、华中、华南、西南等地。

【药用】夏、秋间采收地上部分，鲜用或晒干。有清热利湿、凉血解毒、平肝明目、活血舒筋的功效。主治痢疾、泄泻、咽喉肿痛、肺热咳嗽、带下、癌肿、中耳炎、湿疹等。煎服，9～15克，鲜品30～60克。外用适量，捣敷；或煎水洗。

【食用】春天采集幼嫩苗，用沸水焯熟，再用清水浸洗，可炒食、凉拌。

火炭母

天名精

【识别】多年生草本，高30～100厘米，有臭味。茎直立，上部多分枝。茎下部叶互生，叶片广椭圆形或长椭圆形，全缘；茎上部叶近于无柄，长椭圆形，向上逐渐变小。头状花序多数，腋生；总苞钟形或稍带圆形；花序中全为管状花，黄色；瘦果长3～5毫米，有纵沟多条，顶端有线形短喙，无冠毛。花期6～8月，果期9～10月。

【分布】分布于河南、湖南、湖北、四川、云南、江苏、浙江、福建、台湾、江西、贵州、陕西等地。

【药用】秋季果实成熟时采收果实，晒干，除去杂质。有杀虫消积的功效。主治蛔虫、蛲虫、绦虫病、虫积腹痛、小儿疳积。煎服，3～9克。

【毒性】全草有小毒。

天名精

旋覆花

【识别】多年生直立草本，高30～80厘米。基部叶较小，茎中部叶长圆形或长圆状披针形，常有圆形半抱茎的小耳，无柄，全缘或有疏齿；上部叶渐小，线状披针形。头状花序，多数或少数排列成疏散的伞房花序；舌状花黄色，舌片线形。瘦果圆柱形。花期6～10月，果期9～11月。

【分布】分布于东北、华北、华东、华中及广西等地。

【药用】夏、秋季花开放时采收头状花序，阴干或晒干。味苦、辛、咸。有降气、消痰、行水、止呕的功效。主治风寒咳嗽、痰饮蓄结、胸膈痞闷、喘咳痰多、呕吐噫气、心下痞硬。煎服,3～10克。

【食用】未开花前采集嫩茎叶，用沸水焯熟，再用清水漂洗，可炒食、做菜馍。

旋覆花

羊蹄

【识别】多年生草本，高1米，茎直立。根生叶丛生，有长柄，叶片长椭圆形，边缘呈波状；茎生叶较小，有短柄。总状花序顶生，花被6，淡绿色，外轮3片展开，内轮3片成果被；果被广卵形，有明显的网纹，背面各具一卵形疣状突起，其表有细网纹，边缘具不整齐的微齿；花期4月。瘦果三角形，先端尖，角棱锐利，果熟期5月。

【分布】分布于我国东北、华北、华东、华中、华南各地。

【药用】秋季8～9月采挖根，晒干，切片生用。有凉血止血、解毒杀虫、泻下的功效。主治血热出血证、疥癣、疮疡、烫伤、大便秘结。煎服，10～15克；鲜品30～50克；外用适量。

【毒性】全草有毒，不建议食用，特别是大量、长期食用。

羊蹄

皱果苋

【识别】一年生草本，高40～80厘米，茎直立，有不显明棱角。叶片卵形、卵状矩圆形或卵状椭圆形，全缘或微呈波状缘。圆锥花序顶生，有分枝，由穗状花序形成，圆柱形，细长，直立，顶生花穗比侧生者长；花期6～8月。胞果扁球形，绿色，不裂；种子近球形，黑色或黑褐色，具薄且锐的环状边缘；果期8～10月。

【分布】分布于东北、华北、华东、华南、陕西、云南。

【药用】夏、秋季采收全草，鲜用。有清热解毒、利尿止痛的功效。主治痢疾、小便不利。煎服，30～60克；或煮粥。

【食用】采摘嫩茎叶，用沸水焯熟，再用清水浸洗，可凉拌、炒食或做成干菜。

皱果苋

刺苋

【识别】多年生直立草本，高0.3～1米。茎直立，多分枝，有纵条纹。叶互生；叶柄长1～8厘米，在其旁有2刺；叶片卵状披针形或菱状卵形，全缘或微波状，中脉背面隆起，先端有细刺。圆锥花序腋生及顶生，花小，苞片常变形成2锐刺，花被片绿色；花期5～9月。胞果长圆形，种子近球形，黑色，果期8～11月。

【分布】分布于华东、中南、西南及陕西等地。

【药用】春、夏、秋三季均可采收全草或根，鲜用或晒干。有凉血止血、清利湿热、解毒消痈的功效。主治胃出血、便血、痔血、胆囊炎、胆石症、湿热泄泻、小便涩痛、咽喉肿痛、湿疹、牙龈糜烂。煎服，9～15克，鲜

刺苋

品30 ~ 60克。外用适量，捣敷；或煎汤熏洗。

【食用】采摘嫩茎叶，用沸水焯熟，再用清水浸洗，可凉拌、炒食或做成干菜。

反枝苋

【识别】一年生草本，高20 ~ 80厘米，茎直立，粗壮。叶片菱状卵形或椭圆状卵形，两面和边缘有柔毛。圆锥花序顶生和腋生，花被片5，白色；花期7 ~ 8月。胞果扁球形，淡绿色，盖裂，包裹在宿存花被片内；种子近球形，棕色或黑色；果期8 ~ 9月。

【分布】分布于东北、华北、西北及山东、台湾、河南等地。

【药用】春、夏、秋季采收全草或根，鲜用。有清热解毒、利尿功效。主治痢疾、腹泻、疗疮肿毒、蜂螫伤、小便不利、水肿。煎服，9 ~ 30克。外用适量，捣敷。

【食用】4 ~ 8月采集嫩茎叶，用沸水焯熟，再用清水浸洗，可凉拌、炒食、做馅、做汤或制成干菜。

反枝苋

酸模

【识别】多年生草本，高达1米。单叶互生，叶片卵状长圆形，先端钝或尖，基部箭形或近戟形，全缘，有时略呈波状；茎上部叶较窄小，披针形，无柄且抱茎；基生叶有长柄。花序顶生，狭圆锥状，分枝稀，花数朵簇生。瘦果圆形，具三棱，黑色，有光泽。花期5~6月，果期7~8月。

【分布】全国大部分地区有分布。

【药用】夏、秋季采收根，晒干。有凉血止血、泄热通便、利尿、杀虫的功效。主治吐血、便血、月经过多、热痢、目赤、便秘、小便不通、淋浊、恶疮、疥癣、湿疹。煎汤服，9~15克；或捣计。外用适量，捣敷。

【毒性】有文献记载全草有毒。也有文献记载嫩茎叶可食。不建议食用。

酸模

皱叶酸模

【识别】多年生草本，高50～100厘米。茎直立，通常不分枝，具浅槽。叶互生，叶片披针形或长圆状披针形，边缘有波状皱褶。花多数聚生于叶腋，或形成短的总状花序，合成一狭长的圆锥花序；花被片6，2轮，宿存。瘦果三棱形，有锐棱，褐色有光泽。花果期6～8月。

【分布】分布于东北、华北及陕西、甘肃、青海、福建、台湾、广西、贵州等地。

【药用】4～5月采叶，晒干或鲜用。有清热解毒、止咳的功效。主治热结便秘、咳嗽、痈肿疮毒。煎汤服或作菜食。外用适量，捣敷。

【毒性】有文献记载全草有毒。也有文献记载嫩茎叶可食。不建议食用。

皱叶酸模

藜

【识别】一年生草本，高30～150厘米。茎直立，粗壮，具条棱及绿色或紫红色条纹。叶互生，下部叶片菱状卵形或卵状三角形，上部叶片披针形，下面常被粉质。圆锥状花序，花小，黄绿色，每8～15朵聚生成一花簇，花期8～9月。胞果稍扁，近圆形，果期9～10月。

【分布】生于荒地、路旁及山坡。全国各地均有分布。

【药用】春、夏季割取幼嫩全草，鲜用或晒干备用。有清热祛湿、解毒消肿、杀虫止痒作用。主治发热、咳嗽、腹泻、湿疹、疥癣、白癜风、疮疡肿痛、毒虫咬伤。煎服，15～30克。外用适量，煎水漱口，或熏洗，或捣涂。

【食用】全株有小毒，大量食用时有人会发生日光过敏，建议不要食用，更不能大量、长期服用。有关文献记载的食用方法如下：春季采集嫩茎叶，于沸水中焯熟，再用清水浸洗，可凉拌、炒食或制干菜。

藜

毛曼陀罗

【识别】一年生草本，高1～2米。有恶臭，全株被白色细腺毛及短柔毛。茎粗壮，直立，圆柱形，基部木质化，上部多呈叉状分枝，灰绿色。叶互生或近对生，叶片广卵形，全缘或呈微波状。花大，花冠白色或淡紫色，具5棱；花萼筒部有5棱角，先端5浅裂。蒴果生于下垂的果梗上，近圆形，密生柔韧针状刺并密被短柔毛，熟时先端不规则裂开。种子多数，肾形，淡褐色或黄褐色。花期5～9月，果期6～10月。

【分布】分布于辽宁、河北、江苏、浙江、河南。

【药用】4～11月花初开时采收花（洋金花），晒干或低温干燥。有平喘止咳、解痉定痛的功效。主治哮喘咳嗽、脘腹冷痛、风湿痹痛、小儿慢惊、外科麻醉。内服，0.2～0.6克，宜入丸、散剂。外用适量，煎汤洗或研末外敷。

【毒性】全草有毒，果实、种子毒性最大，严重中毒可致死。

毛曼陀罗

尖尾芋

【识别】直立草本。地上茎圆柱形，黑褐色，具环形叶痕。叶互生；叶柄绿色，长25～30厘米，由中部至基部扩大成宽鞘；叶片膜质至亚革质，深绿色，宽卵状心形，长15～40厘米，宽10～18厘米，先端渐尖，基部微凹，全缘。花序柄圆柱形，稍粗壮，常单生，长

尖尾芋

20 ~ 30厘米；佛焰苞近肉质，管部长圆状卵形，淡绿色至深绿色，檐部狭舟状，边缘内卷，外面上部淡黄色，下部淡绿色；肉花序比佛焰苞短；附属器淡绿色、黄绿色，狭圆锥形。浆果淡红色，球形。花期5 ~ 6月，果期7 ~ 8月。

【分布】生于溪谷湿地或田边。分布于浙江、福建、广东、海南、广西、四川、贵州、云南等地。

【药用】全年均可挖取根茎，洗净，鲜用或切片晒干。有清热解毒、散结止痛的功效。主治流感、钩端螺旋体病、疮疡痛毒初起、瘰疬、蜂窝组织炎、慢性骨髓炎、毒蛇咬伤、毒峰螫伤。煎汤服，3 ~ 9克（鲜品30 ~ 60克，需炮制，宜煎2小时以上）。外用适量，捣敷。

【毒性】全株有毒，根茎毒性最大。

海芋

【识别】多年生草本，高可达5米。茎粗壮，粗达30厘米。叶互生；叶柄粗壮，长60 ~ 90厘米，下部粗大，抱茎；叶片阔卵形，长30 ~ 90厘米，宽20 ~ 60厘米，先端短尖，基部广心状箭头形。花序柄粗状，长15 ~ 20厘米；佛焰苞的管长3 ~ 4厘米，粉绿色，苞片舟状，绿黄色，先端锐尖；肉穗花序短于佛焰苞；附属器长约3厘米，有网状槽纹。浆果红色。种子1 ~ 2颗。花期春季至秋季。

【分布】生于山野间。分布于华南、西南及福建、湖南等地。

【药用】全年均可采收根茎或茎，用刀削去外皮，切片，清水浸漂5～7天，并多次换水，取出鲜用或晒干。加工时以布或纸垫手，以免中毒。有毒。有清热解毒、行气止痛、散结消肿的功效。主治流感、风湿骨痛、疔疮、痈疽肿毒、斑秃、疥癣、虫蛇咬伤。煎服，3～9克，鲜品15～30克（需与大米同炒至米焦后加水煮至米烂，去渣用。或久煎2小时后用）。外用适量，捣敷（不可敷健康皮肤）。

【毒性】全株有毒，根茎毒性最大。

海芋

红蓼

【识别】一年生草本，高1～3米。茎直立，中空，多分枝，密生长毛。叶互生，托叶鞘筒状，下部膜质，褐色，上部草质，被长毛，上部常展开成环状翅；叶片卵形或宽卵形，长10～20厘米，宽6～12厘米，全缘，两面疏生软毛。总状花序由多数小花穗组成，花淡红或白色，花被5深裂，裂片椭圆形，花期7～8月。瘦果近圆形，扁平，黑色，有光泽。果期8～10月。

【分布】生于路旁和水边湿地。分布于全国大部分地区。

【药用】秋季果实成熟时割取果穗，晒干，打下果实。具有散血消癥、消积止痛的功效。主治癥瘕痞块、瘰疬肿痛、食积不消、胃脘胀痛。煎服，15～30克。

【食用】春夏季采摘嫩叶，于沸水中焯熟，再用清水浸洗，可炒食、掺入面中蒸食。

红蓼

牛蒡

【识别】二年生直立草本，高1～2米。茎上部多分枝，带紫褐色，有纵条棱。根生叶丛生，茎生叶互生；叶片长卵形或广卵形，全缘，边缘稍波状。头状花序簇生于茎顶或排列成伞房状；总苞球形，由多数覆瓦状排列之苞片组成，先端成针状，末端钩曲；管状花红紫色。瘦果长圆形或长圆状倒卵形，灰褐色，具纵棱。花期6～8月，果期8～10月。

【分布】分布全国各地。

【药用】秋季果实成熟时采收果序，晒干，打下果实，除去杂质，再晒干。味辛、苦。有疏散风热、宣肺透疹、解毒利咽的功效。主治风热感冒、咳嗽痰多、麻疹、风疹、咽喉肿痛、痄腮、丹毒、痈肿疮毒。煎服，6～12克。

【食用】春季采集嫩茎叶，用沸水焯熟，再用清水漂洗，可炒食、做汤。春、秋季可挖根，去残茎，洗净，可炒食、凉拌、腌咸菜。

牛蒡

商陆

【识别】多年生草本，高达1.5米，茎绿色或紫红色。单叶互生，叶片卵状椭圆形或椭圆形，长12～15厘米，宽5～8厘米，全缘。总状花序直立于枝端或茎上；花被片5，初白色后渐变为淡红色。浆果扁球形，由多个分果组成，熟时紫黑色。花、果期5～10月。

【分布】我国大部分地区有分布。

【药用】秋季至次春采挖根，切成块或片，晒干。有逐水消肿、通利二便、解毒散结的功效。主治水肿胀满、二便不通；外用治痈肿疮毒。煎服，5～10克。外用适量。孕妇忌用。本品有毒，过量可引起中毒。

【食用及毒性】春季采集嫩茎叶，用沸水焯熟，再用清水浸洗，可凉拌、炒食。根有毒，勿食用。

商陆

美洲商陆

【识别】多年生草本，高1.5～2米。光滑无毛，分枝很多，嫩枝绿色，老枝带红色。叶互生，叶片卵状长椭圆形或长椭圆状披针形。总状花序顶生或侧生，花梗粉红色；花着生于鳞片状的苞片腋内，覆瓦状排列，白色或淡粉红色；无花瓣。总状果序下垂，分果间分离不明显。

【分布】我国大部分地区有分布。

【药用】秋季至次春采挖根，切成块或片，晒干。有逐水消肿、通利二便、解毒散结的功效。主治水肿胀满、二便不通；外用治痈肿疮毒。煎服，5～10克。外用适量。孕妇忌用。本品有毒，过量可引起中毒。

【食用及毒性】春季采集嫩茎叶，用沸水焯熟，再用清水浸泡，可凉拌、炒食。根及浆果有毒，勿食用。

美洲商陆

虎杖

【识别】多年生灌木状草本，高达1米以上。茎直立，中空，散生紫红色斑点。叶互生，叶片宽卵形或卵状椭圆形，全缘。圆锥花序腋生，花被5深裂，裂片2轮，外轮3片在果时增大，背部生翅，花期6～8月。瘦果椭圆形，有3棱，果期9～10月。

【分布】我国大部分地区有分布。

【药用】春、秋二季采挖根茎，切短段或厚片，晒干。有利湿退黄、清热解毒、散瘀止痛、止咳化痰的功效。主治湿热黄疸、淋浊、带下、风湿痹痛、痈肿疮毒、水火烫伤、经闭、跌打损伤、肺热咳嗽。煎服，9～15克；外用适量。孕妇忌服。

【食用及毒性】虎杖全株有毒，不宜食用，虽有多种文献将其列为可食野菜，但为安全起见，不建议食用，更不能大量、长期食用。

虎杖

烟草

【识别】一年生或有限多年生草本。全株被腺毛。茎高0.7～2米，基部稍木质化。叶互生，长圆状披针形、披针形、长圆形或卵形，先端渐尖，基部渐狭至茎成耳状半抱茎，柄不明显或成翅状柄。圆锥花序顶生，多花；花冠漏斗状，淡红色，筒部色更淡，稍弓曲，裂片5，先端急尖。蒴果卵状或长圆状。种子圆形或宽圆形，褐色。花、果期夏秋季。

【分布】我国南北各地广为栽培。

烟草

【药用】常于7月间，当烟叶由深绿变成淡黄，叶尖下垂时，可按叶的成熟先后，分数次采摘叶。有行气止痛、燥湿、消肿、解毒杀虫的功效。主治食滞饱胀、气结疼痛、关节痹痛、痈疽、疔疮、疥癣、湿疹、毒蛇咬伤、扭挫伤。煎服，鲜叶9～15克。外用适量，煎水洗。

【毒性】全株有毒，叶毒性最大。

闭鞘姜

【识别】多年生高大草本，高1～3米。叶片长圆形或披针形，全缘。穗状花序顶生，椭圆形或卵形；苞片卵形，红色，长约2厘米，具厚而锐利的短尖头，每1苞片内有花1朵；花萼革质，红色，3裂；花冠管长约1厘米，裂片长约5厘米，白色或红色；唇喇叭形，白色。蒴果稍木质，红色。花期7～9月，果期9～11月。

【分布】生于疏林下、山谷阴湿地、路边草丛、荒坡、水沟边。分布于台湾、广东、海南、广西、云南等地。

闭鞘姜

【药用】秋季采挖根茎（樟柳头），去净茎叶、须根，晒干或鲜用，或切片晒干。有利水消肿、清热解毒的功效。主治水肿膨胀、淋症、白浊、痈肿恶疮。煎服，3～6克。外用适量，煎水洗。

【毒性】新鲜根有毒。

藜芦

【识别】多年生草本，高60～100厘米。叶互生，无叶柄或茎上部叶具短柄；叶片薄革质，椭圆形、宽卵状椭圆形或卵状披针形，长22～25厘米，宽约10厘米。圆锥花序，总轴和枝轴密被白色绵状毛；花被片6，长圆形，黑紫色。蒴果卵圆形，具三钝棱。种子扁平，具膜质翅。花、果期7～9月。

【分布】分布于东北、华北及陕西、甘肃、山东、河南、湖北、四川、贵州等地。

【药用】5～6月末抽花葶前采挖根及根茎，除去叶，晒干或烘干。有涌吐风痰、杀虫的功效。主治中风痰壅、癫痫、疥癣、恶疮。入丸、散，0.3～0.6克。外用适量，研末，油或水调涂。

【毒性】全株有毒，根部毒性较大。

藜芦

058

（2）叶缘整齐、叶对生和轮生

牛膝

【识别】多年生草本，高30～100厘米。茎直立，四棱形，具条纹，节略膨大，节上对生分枝。叶对生，叶片椭圆形或椭圆状披针形，全缘。穗状花序，花皆下折贴近花梗；小苞片刺状；花被绿色，5片，披针形；花期7～9月。胞果长圆形，果期9～10月。

【分布】分布于除东北以外的全国广大地区。

【药用】冬季茎叶枯萎时采挖根，捆成小把，晒干。有逐瘀通经、补肝肾、强筋骨、利尿通淋的功效。主治经闭、痛经、腰膝酸痛、筋骨无力、头痛、眩晕、牙痛、吐血、衄血。煎服，6～15克。

【食用】夏季采集嫩叶，用沸水焯熟，再用清水多次浸洗，可凉拌、炒食或煮粥。

牛膝

麦蓝菜

【识别】一年生草本，高30～70厘米。茎直立，上部呈二歧状分枝，表面乳白色。单叶对生，无柄，叶片卵状椭圆形至卵状披针形，全缘，两面均呈粉绿色。疏生聚伞花序着生于枝顶，花梗细长，花瓣5，粉红色，倒卵形，先端有不整齐小齿；花期4～6月。蒴果成熟后先端呈4齿状开裂，果期5～7月。

【分布】除华南地区外，其余各地均有分布。

【药用】夏季果实成熟、果皮尚未开裂时采割植株，晒干，打下种子，把种子晒干。有活血通经、下乳消肿、利尿通淋的功效。主治经闭、痛经、乳汁不下、乳痈肿痛、淋证涩痛。煎服，5～10克。孕妇慎用。

麦蓝菜

【食用】春季采集未开花的嫩茎叶，用沸水焯熟，再用清水浸洗，可凉拌、炒食或做馅。

夏枯草

【识别】多年生直立草本，茎方形，紫红色，全株密生细毛。叶对生，叶片椭圆状披针形，全缘。轮伞花序顶生，呈穗状；花冠紫色或白色，唇形，下部管状，上唇作风帽状，2裂，下唇平展，3裂。小坚果长椭圆形，具3棱。花期5～6月，果期6～7月。

【分布】全国大部地区均有分布。

【药用】夏季果穗呈棕红色时采收果穗，晒干。味辛、苦。有清肝泻火、明目、散结消肿的功效。主治目赤肿痛、目珠夜痛、头痛眩晕、瘰疬，乳癖、乳房胀痛。煎服，9～15克。

夏枯草

【食用】春季采集幼苗和未开花嫩茎叶，用沸水焯熟，再用清水浸洗，可凉拌、炒食或制干菜。

白薇

【识别】多年生直立草本，高达50厘米。叶卵形或卵状长圆形，对生，两面均被有白色绒毛。伞形状聚伞花序，无总花梗，生在茎的四周；花深紫色，花冠辐状；副花冠5裂，裂片盾状。蓇葖果角状，纺锤形。种子卵圆形，有狭翼，先端有白色长绵毛。花期5～7月，果期8～10月。

【分布】生长于河边、荒地及草丛中，我国各省区均有分布。

白薇

【药用】春、秋季采挖根茎，干燥。有清热凉血、利尿通淋、解毒疗疮的功效。主治温邪伤营发热、阴虚发热、骨蒸劳热、产后血虚发热、热淋、血淋、痈疽肿毒。煎服，4.5～9克。

【食用】春季采摘嫩叶，用沸水焯熟，可凉拌，秋季采摘嫩角果，煮熟后即可食用。

紫茉莉

【识别】一年生或多年生草本，高50～100厘米。茎直立，多分枝，圆柱形，节膨大。叶对生；叶片纸质，卵形或卵状三角形，全缘。花1至数朵，顶生，集成聚伞花序，花红色、粉红色、白色或黄色，花被筒圆柱状，上部扩大呈喇叭形，5浅裂，平展。瘦果，近球形，熟时黑色，有细棱，为宿存苞片所包。花期7～9月，果期9～10月。

【分布】分布于全国各地。

【药用】10～11月收获。挖起全根，洗净泥沙，鲜用，或去尽芦头及须根，刮去粗皮，去尽黑色斑点，切片，立即晒干。有清热利湿、解毒活血的功效。主治热淋、白浊、水肿、赤白带下、关节肿痛、痈疮肿毒、乳痈、跌打损伤。煎服，15～30克，鲜品30～60克。外用适量，鲜品捣敷。

【毒性】根和种子有毒。

紫茉莉

肥皂草

【识别】多年生直立草本，高30～70厘米。叶片椭圆形或椭圆状披针形，对生，基部渐狭成短柄状，微合生，半抱茎，顶端急尖，边缘粗糙。聚伞圆锥花序，小聚伞花序有3～7花，花瓣白色或淡红色。蒴果长圆状卵形，种子圆肾形，黑褐色，具小瘤。花期6～9月。

肥皂草

【分布】我国城市公园栽培供观赏。

【药用】根入药，有祛痰、治气管炎、利尿的功效。

【毒性】全草有毒，根及种子毒性较大。

穿心莲

【识别】一年生草本，高40～80厘米。茎直立，方形，多分枝，节呈膝状膨大，茎叶具有苦味。叶对生，长圆状卵形至披针形，全缘。总状花序顶生和腋生，集成圆锥花序。花冠淡紫色，二唇形。蒴果长椭圆形。

【分布】长江以南温暖地区多栽培。

【药用】秋初茎叶茂盛时采割地上部分，晒干。有清热解毒、凉血、消肿的功效。主治感冒发热、咽喉肿痛、口舌生疮、顿咳劳嗽、泄泻痢疾、热淋涩痛、痈肿疮疡、毒蛇咬伤。煎服，6～9克。煎剂易致呕吐，故多作丸、散、片剂。外用适量。

【食用】春季采摘嫩茎叶，用沸水焯熟后，再用清水浸洗，可凉拌、炒食。

穿心莲

元宝草

【识别】多年生直立草本，高约65厘米。单叶对生，叶片长椭圆状披针形，先端钝，基部完全合生为一体，茎贯穿其中心，两端略向上斜呈元宝状，两面均散生黑色斑点及透明油点。二歧聚伞花序顶生或腋生；花瓣5，黄色。蒴果卵圆形，表面具赤褐色腺体。种子多数，细小，淡褐色。花期6～7月，果期8～9月。

【分布】分布于长江流域以南各地。

【药用】夏、秋季采收全草，洗净，晒干或鲜用。有凉血止血、清热解毒、活血调经、祛风通络的功效。主治吐血、咯血、衄血、血淋、月经不调、痛经、白带、跌打损伤、风湿痹痛、腰腿痛；外用还可治头癣、口疮、目翳。煎服，9～15克，鲜品30～60克。外用适量，鲜品洗净捣敷，或干品研末外敷。

【毒性】《湖南药物志》记载全株有毒。

元宝草

竹灵消

【识别】根须状，形如白薇，基部分枝甚多；茎干后中空，被单列柔毛。叶对生，有短柄；叶片薄膜质，广卵形，侧脉约5对。伞形聚伞花序，近顶部互生，着花8～10朵，花黄色，钝状；副花冠较厚，裂片三角形，短急尖。蓇葖果双生，狭披针形，向端部长渐尖。花期5～7月，果期7月。

【分布】分布于辽宁、河北、山西、陕西、甘肃、山东、安徽、浙江、河南、湖北、湖南、四川、贵州、西藏等地。

【药用】夏、秋采挖根或地上部分，洗净，晒干。有清热凉血、利胆、解毒的功效。主治阴虚发热、虚劳久嗽、咯血、胁肋胀痛、呕恶、泻痢、产后虚烦、瘰疬、无名肿毒、蛇虫咬伤。煎汤服，15～45克。外用鲜品适量，捣敷。

【毒性】全株有毒，根毒性最大。

竹灵消

长春花

【识别】多年生草本，高达60厘米。茎近方形，有条纹。叶对生，膜质，倒卵状长圆形，基部广楔形渐狭而成叶柄。聚伞花序腋生或顶生，有花2～3朵；花冠红色，高脚碟状，花冠筒圆筒状，喉部紧缩，花冠裂片宽倒卵形。蓇葖果2个，直立。花期、果期几乎全年。

【分布】我国华东、中南、西南有栽培。

【药用】当年9月下旬至10月上旬采收全草，选晴天收割地上部分，先切除植株茎部木质化硬茎，再切成长6厘米的小段，晒干。有解毒抗癌、清热平肝的功效。主治多种癌肿、高血压、痈肿疮毒、烫伤。煎服，5～10克；或将提取物制成注射剂静脉注射。外用适量，捣敷或研末调敷。

【毒性】全株有毒。

长春花

直立百部

【识别】茎直立,高30～60厘米,不分枝,具细纵棱。叶薄革质,通常每3～4枚轮生,卵状椭圆形或卵状披针形。花单朵腋生,通常出自茎下部鳞片腋内,花向上斜升或直立;花被片淡绿色;雄蕊紫红色。蒴果有种子数粒。花期3～5月,果期6～7月。

【分布】分布于山东、河南、安徽、江苏、浙江、福建、江西等地。

【药用】春、秋二季采挖块根(百部),除去须根,洗净,置沸水中略烫或蒸至无白心,取出,晒干。有润肺下气止咳、杀虫灭虱的功效。主治新久咳嗽、肺痨咳嗽、顿咳;外用于头虱、体虱、蛲虫病、阴痒;蜜百部有润肺止咳的功效,主治阴虚劳嗽。煎服,5～15克。外用适量。

【毒性】块根有毒。

直立百部

七叶一枝花

【识别】多年生草本，高35～60厘米。茎直立，叶通常为4片，有时5～7片，轮生于茎顶；叶片草质，广卵形，全缘，基出主脉3条。花单一，顶生；花两性，外列被片4瓣，绿色，卵状披针形；内列被片4瓣，狭线形，黄绿色。浆果近于球形。花期6月，果期7～8月。

【分布】分布于四川、广西等地。

【药用】秋季采挖根茎（重楼），除去须根，洗净，晒干。有清热解毒、消肿止痛、凉肝定惊的功效。主治疔疮痈肿、咽喉肿痛、蛇虫咬伤、跌扑伤痛、惊风抽搐。煎服，3～9克。外用适量，捣敷或研末调涂患处。

【毒性】根茎及皮部有毒。

七叶一枝花

（3）叶缘有齿、叶互生

费 菜

【识别】多年生肉质直立草本，高15 ~ 40厘米。叶互生，倒卵形，或长椭圆形，边缘近先端处有齿牙，几无柄。聚伞花序顶生，疏松；花瓣5，橙黄色，披针形；花期夏季。蓇葖果星芒状开展，带红色或棕色。

【分布】分布于我国北部、中部。

【药用】春、秋季采挖根部或全草，洗净晒干。有散瘀、止血、宁心安神、解毒的功效。主治吐血、衄血、便血、尿血、崩漏、跌打损伤、心悸、失眠、烫火伤、毒虫蜇伤。煎服，15 ~ 30克。外用适量，鲜品捣敷。

【食用】春季采集未开花嫩叶，于沸水中焯熟，再用清水浸洗，可凉拌或炒食。

费菜

铁苋菜

【识别】一年生草本，高30～50厘米。茎直立，分枝。叶互生，叶片卵状菱形或卵状椭圆形，基出脉3条，边缘有钝齿。穗状花序腋生；雌雄同株，雄花序极短，生于极小苞片内；雌花序生于叶状苞片内；花萼四裂；无花瓣。蒴果小，三角状半圆形；种子卵形灰褐色。花期5～7月，果期7～10月。

【分布】生于旷野、丘陵、路边较湿润的地方。分布于长江、黄河中下游各地及东北、华北、华南、西南各地。

【药用】5～7月间采收全草，晒干或鲜用。有清热利湿、凉血解毒、消积的功效。主治痢疾、泄泻、吐血、衄血、尿血、崩漏、痈疖疮疡、皮肤湿疹。煎服，10～15克；鲜品30～60克。外用适量，水煎洗或捣敷。

铁苋菜

【食用】未开花前采摘幼苗，用沸水焯熟，再用清水浸洗，可凉拌、炒食、做汤。

072

东风菜

【识别】多年生直立草本，高1米。叶互生；叶柄具翅；叶片心形，两面有糙毛，边缘有具小尖头的齿，基部急狭成窄翼长10～15厘米的柄，花后凋落；中部以上的叶片卵状三角形，先端急尖，两面有毛。头状花序排列成圆锥伞房状；外围1层雌花，舌状，舌片白色，条状长圆形；中央有多数黄色两性花，花冠筒状。瘦果倒卵圆形或椭圆形。花期6～10月，果期8～10月。

【分布】分布于我国北部、东部、中部至南部各地区。

【药用】秋季采挖根茎，夏、秋季采收全草，洗净，鲜用或晒干。有清热解毒、明目、利咽的功效。主治风热感冒、头痛目眩、目赤肿痛、咽喉红肿、跌打损伤、痈肿疔疮、蛇咬伤。煎汤服，15～30克；外用适量，鲜全草捣敷。

东风菜

泽漆

【识别】一年生草本，高10～30厘米。叶互生，叶片倒卵形或匙形，边缘在中部以上有细锯齿。杯状聚伞花序顶生，伞梗5，每伞梗再分生2～3小梗，每个伞梗又第三回分裂为2叉，伞梗基部具5片轮生叶状苞片，与下部叶同形而较大；总苞杯状，先端4浅裂，腺体4，盾形，黄绿色。蒴果球形3裂，光滑。花期4～5月，果期5～8月。

【分布】我国大部分地区均有分布。

泽漆

【药用】4～5月开花时采收全草，晒干。味苦，有毒。有利水消肿、化痰止咳、解毒散结的功效。主治水肿证、咳喘证、瘰疬、癣疮。3～9克，煎膏内服，外用适量，捣烂敷患处。

【食用及毒性】全株有毒，不建议食用，更不能大量、长期食用。

鸡腿堇菜

【识别】多年生草本，茎直立，通常2～4条丛生。叶片心形、卵状心形或卵形，边缘具钝锯齿及短缘毛；托叶草质，叶状，通常羽状深裂呈流苏状。花淡紫色或近白色，具长梗，花瓣有褐色腺点，上方花瓣与侧方花瓣近等长，上瓣向上反曲，下瓣里面常有紫色脉纹。蒴果椭圆形。花果期5～9月。

【分布】分布于黑龙江、吉林、辽宁、内蒙古、河北、山西、陕西、甘肃、山东、江苏、安徽、浙江、河南。

【药用】全草民间供药用，有清热解毒、排脓消肿的功效；主治肺热咳嗽、跌打肿痛、疮疖肿痛。煎服15～25克，外用适量捣烂敷患处。

【食用】春季和初夏采集嫩叶，用沸水焯熟，可炒食、做汤或入面蒸食。

鸡腿堇菜

凤仙花

【识别】一年生草本，高40～100厘米。茎肉质，直立，粗壮。叶互生，叶片披针形，边缘有锐锯齿。花梗短，单生或数枚簇生叶腋，密生短柔毛；花大，通常粉红色或杂色，单瓣或重瓣。蒴果纺锤形，熟时一触即裂，密生茸毛。种子多数，球形，黑色。

【分布】各地均有栽培或野生。

【药用】夏、秋季果实即将成熟时采收，除去果皮及杂质，收集种子，晒干。种子（急性子）微苦、辛，有小毒。种子有破血、软坚、消积的功效。主治癥瘕痞块、经闭、噎嗝。煎服，3～5克。

【食用及毒性】未开花前采摘嫩芽、嫩茎，用沸水焯熟，再用清水浸洗，可凉拌、炒食。根及花有小毒，勿食用。

凤仙花

柳叶菜

【识别】多年生草本，高约1米。茎密生展开的白色长柔毛及短毛。下部叶对生，上部叶互生，无柄；叶片长圆状披针形至披针形，边缘具细齿。花单生于叶腋，浅紫色，花瓣4，宽倒卵形，先端凹缺。蒴果圆柱形，具4棱，4开裂。种子椭圆形，棕色，先端具一簇白色种缨。花期4～11月。

【分布】分布于东北、华北、中南、西南及陕西、新疆、浙江、江西、台湾、西藏等地。

【药用】全年均可采全草，鲜用或晒干。有清热解毒、利湿止泻、消食理气、活血接骨的功效。主治湿热泻痢、食积、脘腹胀痛、牙痛、月经不调、经闭、带下、跌打骨折、疮肿、烫火伤、疥疮。煎汤服，6～15克；外用适量，捣敷。

【食用】春季采摘嫩叶，用沸水焯熟，再用清水浸洗后加油盐凉拌。

柳叶菜

龙葵

【识别】一年生直立草本，高25～100厘米。叶互生；叶片卵形，全缘或具不规则波状粗锯齿。蝎尾状聚伞花序腋外生，由3～6朵花组成；花梗长，5深裂，裂片卵圆形。浆果球形，有光泽，成熟时黑色；种子多数扁圆形。花、果期9～10月。

【分布】全国均有分布。

【药用】夏、秋季采收全草，鲜用或晒干。有清热解毒、活血消肿的功效。主治疔疮、痈肿、丹毒、跌打扭伤、慢性气管炎、肾炎水肿。煎服，15～30克。外用适量，捣敷或煎水洗。

【毒性】全株有毒，未成熟浆果毒性最大。也有文献记载可食。不建议食用，更不可大量、长期食用。

龙葵

酸浆

【识别】多年生草本，高35～100厘米。茎直立，多单生，不分枝。叶互生，叶片卵形至广卵形，叶缘具稀疏不规则的缺刻，或呈波状。花单生于叶腋，白色，花冠钟形，5裂。浆果圆球形，成熟时呈橙红色；宿存花萼在结果时增大，厚膜质膨胀如灯笼，具5棱角，橙红色或深红色，疏松地包围在浆果外面。花期7～10月，果期8～11月。

【分布】全国各地均有分布。

【药用】秋季果实成熟、宿萼呈红色或橙红色时采收宿萼或带果实的宿萼（锦灯笼），干燥。有清热解毒、利咽化痰、利尿通淋的功效。主治咽痛音哑、痰热咳嗽、小便不利、热淋涩痛；外治天疱疮、湿疹。煎服，5～9克。外用适量，捣敷患处。

【食用】果实成熟后可直接食用，做果酱、甜羹。

酸浆

杏叶沙参

【识别】一年生直立草本，高40～80厘米，茎不分枝。基生叶心形，大而具长柄；茎生叶无柄，叶片椭圆形，狭卵形，边缘有不整齐的锯齿。花序常不分枝而成假总状花序，或有短分枝而成极狭的圆锥花序；花梗常极短，花冠宽钟状，蓝色或紫色，裂片长为全长的1/3，三角状卵形。蒴果椭圆状球形。花期8～10月。

【分布】多生长在山野。分布安徽、江苏、浙江、湖南、湖北等地。

【药用】同轮叶沙参（见104页）。

【食用】春、秋季挖掘根，可炒食、炖菜。

杏叶沙参

080

荠苨

【识别】多年生草本，茎高约1米，含白色乳汁。叶互生；叶片卵圆形至长椭圆状卵形，边缘有锐锯齿。圆锥状总状花序，花枝长，花梗短；花冠上方扩张成钟形，淡青紫色，先端5裂。蒴果圆形，含有多数种子。花期8～9月，果期10月。

【分布】我国各地都有分布。

【药用】春季采挖根，除去茎叶，洗净，晒干。味甘。有润燥化痰、清热解毒的功效。主治肺燥咳嗽、咽喉肿痛、消渴、疔痈疮毒、药物中毒。煎服，5～10克。外用适量，捣烂敷。

【食用】未开花前采集嫩茎叶，用沸水焯一下，再用清水漂洗，可炒食、做汤。春、秋季挖根，可炒食、炖菜。

荠苨

红花

【识别】一年生直立草本，高50～100厘米。叶互生，无柄；中下部茎生叶披针形、卵状披针形或长椭圆形，边缘具大锯齿、重锯齿、小锯齿或全缘，齿顶有针刺，向上的叶渐小，披针形，边缘有锯齿，齿顶针刺较长；全部叶质坚硬，革质。头状花序多数，在茎枝顶端排成伞房花序，管状花多数，橘红色，先端5裂，裂片线形。瘦果椭圆形或倒卵形。花期6～7月，果期8～9月。

【分布】全国各地多有栽培。

【药用位】夏季花由黄变红时采摘花，阴干或晒干。

红花

有活血通经、散瘀止痛的功效。主治经闭、痛经、恶露不行、癥瘕痞块、胸痹心痛、瘀滞腹痛、胸胁刺痛、跌打损伤、疮疡肿痛。煎服，3～10克。外用适量。

【食用】5～6月采摘嫩叶，用沸水焯熟，可凉拌、炒食、煮粥、做馅。

鳢肠

【识别】一年生草本，高10～60厘米。全株被白色粗毛，折断后流出的汁液数分钟后即呈蓝黑色。茎直立或基部倾伏，着地生根，绿色或红褐色。叶对生，叶片线状椭圆形至披针形，边缘有细齿或波状，两面均被白色粗毛。头状花序，总苞钟状，花托扁平，托上着生少数舌状花及多数管状花；舌状花白色，管状花墨绿色。瘦果黄黑色。花期7～9月，果期9～10月。

【分布】分布于全国各地。

【药用】花开时采割地上部分（墨旱莲），晒干。味甘、酸。有滋补肝肾、凉血止血的功效。主治肝肾阴虚、牙齿松动、须发早白、眩晕耳鸣、腰膝酸软、阴虚血热、吐血、衄血、尿血、血痢、崩漏下血、外伤出血。煎服，6～12克。

【食用】6～8月采集未开花的嫩茎叶，去杂洗净，用沸水烫3～5分钟，清水漂洗，可炒食、凉拌、腌咸菜、晒干菜。

鳢肠

烟管头草

【识别】多年生直立草本，高50～100厘米，茎分枝，被白色长柔毛。下部叶匙状长圆形，边缘有不规则的锯齿；中部叶向上渐小，长圆形或长圆状披针形。头状花序在茎和枝的顶端单生，下垂，花黄色，外围的雌花筒状，中央的两性花有5个裂片。瘦果条形，有细纵条，先端有短喙和腺点；无冠毛。花期秋季。

【分布】生于路边、山坡草地及森林边缘。分布几遍及全国各地。

【药用】秋季初开花时采收全草，鲜用或晒干。味苦。有清热解毒、消肿止痛的功效。主治感冒发热、高热惊风、咽喉肿痛、牙痛、尿路感染、疮疡疖肿、乳腺炎。煎服，6～15克，鲜品15～30克。外用适量，鲜品捣敷或煎水含漱。

【食用】采摘嫩苗叶，于沸水中焯熟，再用清水浸洗，可凉拌、炒食。

烟管头草

马兰

【识别】多年生直立草本，高30～70厘米。叶互生，基部渐狭成具翅的长柄，叶片倒披针形或倒卵状长圆形，边缘从中部以上具有小尖头的钝或尖齿，或有羽状裂片；上面叶小，无柄，全缘。头状花序单生于枝端并排列成疏伞房状，总苞半球形，舌状花1层，舌片浅紫色。瘦果倒卵状长圆形。花期5～9月，果期8～10月。

【分布】生于路边、田野、山坡上。分布于全国各地。

【药用】夏、秋季采收全草，鲜用或晒干。味辛。有凉血止血、清热利湿、解毒消肿的功效。主治吐血、衄血、血痢、崩漏、创伤出血、黄疸、水肿、淋浊、感冒、咳嗽、咽痛喉痹、痔疮、痈肿、丹毒、小儿疳积。煎服，10～30克，鲜品30～60克；外用适量，捣敷；或煎水

马兰

熏洗。

【食用】未开花前采集嫩茎叶，用沸水烫一下，再用清水漂洗，可凉拌、炒食、做汤。

蝎子草

【识别】一年生草本，高达1米。茎直立，有棱，伏生硬毛及蜇毛；蜇毛直立而开展。叶互生；叶柄长2～10厘米；叶片圆卵形，先端渐尖或尾状尖，基部圆形或近平截，叶缘有粗锯齿，两面伏生粗硬毛和蜇毛。花序腋生，单一或分枝，雌花序生于茎上部；雄花被4深裂；雌花被2裂，上方一片椭圆形，先端有不明显的3齿裂，下方一片线形而小，花序轴上有长蜇毛。瘦果宽卵形，表面光滑或有小疣状突起。花期7～8月，果期8～10月。

蝎子草

【分布】分布于东北、华北及陕西、河南等地。

【药用】夏、秋季采收全草，多鲜用。有止痛的功效。主治风湿痹痛。外用适量。

【毒性】蜇毛有毒，被刺可引起红肿、烧痛。

苎麻

【识别】多年生直立草本，高达2米。单叶互生，阔卵形或卵圆形，边缘有粗锯齿，上面绿色，粗糙，下面除叶脉外全部密被白色绵毛。圆锥花序腋生；雄花黄白色，花被4片；雌花淡绿色，花被4片。瘦果细小，椭圆形，集合成小球状。花期5～6月，果熟期9～10月。

【分布】分布于我国中部、南部、西南及山东、江苏、安徽、浙江、陕西、河南等地。

【药用】冬、春季采挖根和根茎，洗净，晒干，切段生用。有凉血、止血、安胎、清热解毒的功效。主治血热出血证、胎动不安、胎漏下血、热毒痈肿。煎服，10～30克；鲜品30～60克，捣汁服。外用适量，煎汤外洗，或鲜品捣敷。

苎麻

【食用】冬季挖根，刮洗去皮，可煮食。秋季采集嫩叶，洗净，用沸水焯熟，可与米、面搭配制作糕点。

【识别】一年生草本，高30～60厘米。茎直立，不分枝，无毛，具白粉。叶互生，茎下部的叶有短柄，上部的叶无柄，抱于茎上；叶片长卵形或狭长椭圆形，叶脉明显，边缘为不整齐的波状锯齿。花单一，顶生，花瓣4，有时为重瓣，近圆形或近扇形，边缘浅波状或各种分裂，白色、粉红色、红色至紫色。蒴果球形或长圆状椭圆形。花期4～6月，果期6～8月。

【药用】秋季将成熟果实或已割取浆汁后的成熟果实摘下，破开，除去种子和枝梗，干燥。有敛肺、涩肠、止痛的功效。主治久咳、久泻、脱肛、脘腹疼痛。煎服，3～6克。

【毒性】全草有毒。

罂粟

毛地黄

【识别】多年生草本，高60～120厘米。除花冠外，全株被灰白色短柔毛和腺毛。茎直立，单生或数条成丛。基生叶多数成莲座状；叶柄具狭翅；叶片卵形或长椭圆形，边缘具带短尖的圆齿；下部的茎生叶与基生叶同形，向上渐小，叶柄短直至无柄而成为苞片。总状花序顶生；萼钟状，果期增大，5裂几达基部，裂片长圆状卵形；花冠被白色柔毛，上唇2浅裂，下唇3裂，中唇片较长。蒴果卵形；种子短棒状。花期5～6月。

【分布】北京、上海、浙江等地有引种栽培。

【药用】当叶片肥厚浓绿粗糙停止生长时，即可采收。北方9月初至10月底采收，叶片中强心苷含量最高。有强心、利尿的功效。主治心力衰竭、心源性水肿。制成片剂、注射剂用。

【毒性】全草有毒。

毛地黄

089

紫菀

【识别】多年生直立草本，高1～1.5米。基生叶长圆状或椭圆状匙形；茎生叶互生，叶片狭长椭圆形或披针形。头状花序伞房状排列，总苞半球形，苞片3列；花序边缘为舌状花，蓝紫色；中央有多数筒状花，黄色。瘦果倒卵状长圆形，扁平，紫褐色，上部具短伏毛，冠毛污白色或带红色。花期7～9月，果期9～10月。

【分布】分布于黑龙江、吉林、辽宁、河北等地。

【药用】春、秋季采挖根，除去有节的根茎（习称"母根"）和泥沙，直接晒干。味辛、苦。有润肺下气、消痰止咳的功效。主治痰多喘咳、新久咳嗽、劳嗽咳血。煎服，5～10克。外感暴咳生用，肺虚久咳蜜炙用。

紫菀

【食用】4～6月采集嫩茎叶，用沸水焯熟，再用清水漂洗，可煮粥、炒食、蒸食、晒干菜。

苘麻

【识别】一年生草本，高1～2米，茎枝被柔毛。叶互生，叶片圆心形，两面均被星状柔毛，边缘具细圆锯齿。花单生于叶腋，花黄色，花瓣倒卵形。蒴果半球形，分果爿15～20，被粗毛，顶端具长芒2。种子肾形，褐色。花期7～8月。

【分布】我国除青藏高原不产外，其他各地均有分布。

【药用】夏季采收全草或叶，鲜用或晒干。有清热利湿、解毒开窍的功效。主治痢疾、中耳炎、耳鸣、耳聋、睾丸炎、化脓性扁桃体炎、痈疽肿毒。煎服，10～30克。外用适量，捣敷。

【食用】春季采集嫩种子，可生食；秋季采集成熟种子，浸泡去苦味，晒干再磨面食用。

苘麻

091

（4）叶缘有齿、叶对生或轮生

八宝景天

【识别】多年生直立草本，高30～70厘米，不分枝。叶对生，矩圆形至卵状矩圆形，边缘有疏锯齿，无柄。伞房花序顶生；花密生，花瓣5，白色至浅红色，宽披针形。

【分布】多栽培。分布云南、贵州、四川、湖北、陕西、山西、河北、辽宁、吉林、浙江等地。

【药用】7～8月间采收全草。有清热解毒、止血的功效。主治赤游丹毒、疔疮痈疖、火眼目翳、烦热惊狂、风疹、漆疮、烧烫伤、蛇虫咬伤、吐血、咯血、月经量多、外伤出血。煎汤，15～30克，鲜品50～100克。外用适量，捣敷或取汁摩涂。

【食用】未开花前采摘嫩叶，用沸水焯熟，再用清水浸洗，可凉拌、炒食。

八宝景天

牛膝菊

【识别】一年生直立草本，高10～80厘米。茎圆形，有细条纹，节膨大。单叶对生，叶片卵圆形至披针形，边缘有浅圆齿或近全缘，基出3脉。头状花序小，舌状花白色，1层；筒状花黄色。瘦果有棱角，先端具睫毛状鳞片。花、果期7～10月。

【分布】生于田边、路旁、庭园空地及荒坡上。分布于浙江、江西、四川、贵州、云南及西藏等地。

【药用】夏、秋季采收全草，鲜用或晒干。有清热解毒、止咳平喘的功效。主治扁桃体炎、咽喉炎、黄疸型肝炎、咳喘。煎服，30～60克。

【食用】春、夏季采集嫩茎叶，用沸水焯熟，再用清水浸泡，可炒食、凉拌。

牛膝菊

金纽扣

【识别】一年生草本，高30～90厘米。茎紫红色，直立或斜生。单叶对生，叶片卵形或椭圆形，边缘有浅粗齿。头状花序，顶生或腋生；花小，深黄色，雌性花，1列，舌片黄色或白色。瘦果，三棱形或背向压扁，黑色，顶冠有芒刺2～3条或无芒刺。花期夏季。

【分布】分布于华南、四川、云南、西藏等地。

【药用】春、夏季采收全草（天文草），鲜用或切段晒干。有止咳平喘、解毒利湿、消肿止痛的功效。主治感冒、咳嗽、哮喘、百日咳、肺结核、痢疾、肠炎、疮疖肿毒、风湿性关节炎、牙痛、跌打损伤、毒蛇咬伤。煎汤服，6～15克；外用适量，鲜品捣敷。

【毒性】全草有小毒。

金纽扣

罗勒

【识别】一年生直立草本，高20～80厘米，全株芳香，茎四棱形。叶对生，叶片卵形或卵状披针形，全缘或具疏锯齿。轮伞花序，花冠淡紫色或白色，伸出花萼，唇片外面被微柔毛，上唇4裂，裂片近圆形，下唇长圆形，下倾。小坚果长圆状卵形，褐色。花期6～9月，果期7～10月。

【分布】全国各地多有栽培。

【药用】开花后割取地上部分，鲜用或阴干。味辛、甘。有疏风解表、化湿和中、行气活血、解毒消肿的功效。主治感冒头痛、发热咳嗽、中暑、食积不化、不思饮食、脘腹胀满疼痛、遗精、月经不调、牙痛口臭、皮肤湿疮、瘾疹瘙痒、跌打损伤、蛇虫咬伤。煎服，5～15克；外用适量，捣敷或煎汤洗、含漱。

【食用】春季采摘嫩叶，用沸水焯熟，可凉拌、蒸食、油炸。也可作为炖汤、炒菜时的调味品。

罗勒

薄荷

【识别】多年生芳香直立草本，高30～80厘米。单叶对生，叶片长卵形至椭圆状披针形，边缘具细尖锯齿，密生缘毛。轮伞花序腋生，愈向茎顶，叶及花序递渐变小；花冠二唇形，淡紫色至白色。小坚果长卵球形。花期8～10月，果期9～11月。

【分布】分布于华北、华东、华南、华中及西南各地。

【药用】夏、秋季茎叶茂盛或花开至三轮时，分次采割地上部分，晒干或阴干。有疏散风热、清利头目、利咽、透疹、疏肝行气的功效。主治风热感冒、风温初起、头痛、目赤、喉痹、口疮、风疹、麻疹、胸胁胀闷。煎服，3～6克。

薄荷

【食用】采集幼苗及未开花嫩茎叶，用沸水焯熟，再用清水浸洗，可凉拌、炒食。

地瓜儿苗

【识别】多年生直立草本，高40～100厘米。叶交互对生；狭披针形至广披针形，边缘有粗锐锯齿。轮伞花序腋生，花小，花冠白色，钟形，上唇直立，下唇3裂，裂片几相等。小坚果扁平，暗褐色。花期7～9月。果期9～10月。

【分布】分布于黑龙江、吉林、辽宁、河北、陕西、贵州、云南、四川等地。

【药用】夏、秋季茎叶茂盛时采割地上部分，晒干。有活血调经、祛瘀消痈、利水消肿的功效。主治月经不调、经闭、痛经、产后瘀血腹痛、疮痈肿毒、水肿腹水。煎服，10～15克。

【食用】春季采集嫩茎叶，用沸水焯熟，再用清水漂洗，可凉拌、炒食、做汤。秋冬季采挖地下茎，洗净，可凉拌、腌咸菜。

地瓜儿苗

风轮菜

【识别】多年生直立草本，高0.5～1米。茎四棱形，具细条纹，密被短柔毛。叶卵形，边缘具大小均匀的圆齿状锯齿，两面密被短硬毛。轮伞花序多花密集，半球状，沿茎及分枝形成宽而多头的圆锥花序；花冠紫红色，冠筒伸出花萼，外面被微柔毛，冠檐二唇形，上唇直伸，先端微缺，下唇3裂。花期5～8月，果期8～10月。

风轮菜

【分布】生于山坡、路边、林下、灌丛中。分布于华东、华中、华南及云南。

【药用】夏季开花前采收地上部分（断血流），晒干。味微苦、涩。有收敛止血的功效。主治崩漏、尿血、鼻衄、牙龈出血、外伤出血。煎服，9～15克。外用适量，研末敷患处。

【食用】春季采摘嫩叶，用沸水焯熟后，可凉拌、清炒。

【识别】一年生或多年生草本，高40～110厘米。茎直立，四棱形，略带红色。叶对生，叶片椭圆状卵形或卵形，边缘具不整齐的钝锯齿，齿圆形。花序聚成顶生的总状花序；花冠唇形，紫色或白色。小坚果倒卵状三棱形。花期6～7月，果期10～11月。

【分布】分布于东北、华东、西南及河北、陕西、河南、湖北、湖南、广东等地。

【药用】当花序抽出而未开花时，择晴天齐地割取全草，晒干。味辛。有祛暑解表、化湿和胃的功效。主治夏令感冒、寒热头痛、胸脘痞闷、呕吐泄泻、妊娠呕吐、鼻渊、足癣。煎服，6～10克；外用适量，煎水洗。

【食用】3～6月采摘嫩叶，用沸水焯熟，再用清水漂洗去异味，可炒食、凉拌、做馅。

藿香

紫苏

【识别】一年生直立草本，高30～200厘米，具有特殊芳香。叶对生，叶片阔卵形、卵状圆形，边缘具粗锯齿，两面紫色或仅下面紫色。轮伞花序，顶生和腋生，花冠唇形，白色或紫红色。小坚果近球形，灰棕色或褐色。花期6～8月，果期7～9月。

【分布】全国各地广泛栽培。

【药用】夏季枝叶茂盛时采收紫苏叶，晒干。秋季果实成熟时采收紫苏子，晒干。紫苏叶有解表散寒、行气和胃的功效，主治风寒感冒、咳嗽呕恶、妊娠呕吐、鱼蟹中毒。紫苏子有降气化痰、止咳平喘、润肠通便的功效，主治痰壅气逆、咳嗽气喘、肠燥便秘。

【食用】采集幼苗及未开花嫩茎叶，用沸水焯熟，再用清水漂洗，可凉拌、炒食。

紫苏

草本威灵仙

【识别】多年生直立草本，高80～150厘米。叶4～6枚轮生，无柄，叶片长圆形至宽条形，边缘有三角状锯齿。花序顶生，长尾状；花红紫色、紫色或淡紫色，4裂，花冠筒内面被毛。蒴果卵形，4瓣裂；种子椭圆形。花期7～9月。

【分布】生于路边、山坡草地及山坡灌丛内。分布于东北、华北、陕西省北部、甘肃东部及山东半岛。

【药用】夏、秋季采收根及全草，晒干。味辛、微苦。有祛风除湿、清热解毒的功效。主治感冒风热、咽喉肿痛、腮腺炎、风湿痹痛、虫蛇咬伤。煎服，10～15克，鲜品30～60克。外用鲜品适量，捣敷或煎水洗。

【食用】夏季采集新鲜嫩叶，用沸水焯熟，再用清水浸洗去苦味，可凉拌、炒食。

草本威灵仙

千屈菜

【识别】多年生草本，茎直立，多分枝，高30～100厘米。叶对生或三叶轮生，披针形或阔披针形，全缘，无柄。花组成小聚伞花序，簇生，因花梗及总梗极短，因此花枝全形似一大型穗状花序；花瓣6，红紫色或淡紫色，倒披针状长椭圆形。蒴果扁圆形。

【分布】生于山谷湿润地、水沟边。分布于东北、华北、西北及江苏、江西、四川等地。

千屈菜

【药用】盛花期采收全草，割取地上部分，晒干或鲜用。味苦，有毒。有镇痛、止咳、利尿、解毒的功效。主治胃痛、腹痛、肠炎、痢疾、慢性支气管炎、咳嗽、水肿、疥癣疮肿、蛇虫咬伤。煎服，3～6克。外用适量，捣汁涂。

【食用】文献记载全株有毒，不建议食用，更不能大量、长期食用。

桔梗

【识别】多年生草本，高30～120厘米。茎通常不分枝或上部稍分枝。叶3～4片轮生、对生或互生，叶片卵形至披针形，边缘有尖锯齿，下面被白粉。花1朵至数朵单生茎顶或集成疏总状花序，花冠阔钟状，蓝色或蓝紫色，裂片5，三角形。蒴果倒卵圆形。花期7～9月，果期8～10月。

【分布】分布于我国各地区。

【药用】春、秋二季采挖根，洗净，除去须根，趁鲜剥去外皮或不去外皮，干燥。味苦、辛。有宣肺、利咽、祛痰、排脓的功效。主治咳嗽痰多、胸闷不畅、咽痛音哑、肺痈吐脓。煎服，3～10克。

【食用】未开花前采集嫩茎叶，用沸水焯熟，再用清水漂洗，可炒食、做馅、制干菜。

桔梗

轮叶沙参

【识别】一年生直立草本，高可达 1.5 米，茎不分枝。茎生叶 3～6 枚轮生，叶片卵圆形至条状披针形，边缘有锯齿。狭圆锥状花序，花序分枝（聚伞花序）大多轮生，生数朵花或单花。花冠筒状细钟形，口部稍缢缩，蓝色、蓝紫色，裂片短，三角形。蒴果球状圆锥形或卵圆状圆锥形。花期 7～9 月。

【分布】分布于东北、内蒙古、河北、山西、华东、广东、广西、云南、四川、贵州。

【药用】春、秋季采挖根（南沙参），除去须根，洗后趁鲜刮去粗皮，洗净，干燥。味甘。有养阴清肺、益胃生津、化痰、益气的功效。主治肺热燥咳、阴虚劳嗽、干咳痰黏、胃阴不足、食少呕吐、气阴不足、烦热口干。煎服，9～15 克。

【食用】未开花前采集嫩茎叶，用沸水焯熟，再用清水浸洗，可炒食、做汤。春、秋季挖掘根，可炒食、炖菜。

轮叶沙参

豨莶

【识别】一年生直立草本，高50～100厘米。枝上部密被短柔毛。叶对生，叶片阔卵状三角形至披针形，边缘有不规则的浅裂或粗齿。头状花序排列成圆锥状；总花梗密被短柔毛；花黄色，边缘为舌状花，中央为管状花。瘦果倒卵形，有4棱，黑色，无冠毛。花期8～10月，果期9～12月。

【分布】分布于陕西、甘肃、江苏、安徽、浙江、江西、福建、湖南、广东、海南、广西、四川、贵州、云南等地。

【药用】夏、秋二季花开前和花期均可采割全草，晒干。味辛、苦。有祛风湿、利关节、解毒的功效。主治风湿痹痛、筋骨无力、腰膝酸软、四肢麻痹、半身不遂、风疹湿疮。煎服，9～12克。外用适量。

【食用】未开花前采集嫩茎叶，用沸水焯熟，用清水浸洗，可炒食。

豨莶

菊芋

【识别】多年生直立草本，高1～3米。茎被短糙毛。基部叶对生，上部叶互生；有叶柄，叶柄上部有狭翅；叶片卵形至卵状椭圆形，边缘有锯齿。头状花序数个，生于枝端；舌状花淡黄色。瘦果楔形。花期8～10月。

【分布】我国大多数地区有栽培。

【药用】秋季采挖块茎，夏、秋季采收茎叶，鲜用或晒干。味甘、微苦。有清热凉血、消肿的功效。主治热病、肠热出血、跌打损伤、骨折肿痛。煎汤，10～15克；或块根1个，生嚼服。

【食用】秋冬季采挖块茎，可炒食或腌制咸菜。

菊芋

白花败酱

【识别】多年生直立草本，高50～100厘米，根茎有腐败的酱味。叶对生；叶片卵形，边缘具粗锯齿，或3裂而基部裂片很小。聚伞花序多分枝，呈伞房状的圆锥花丛；花冠5裂，白色；果实倒卵形，背部有一小苞所成的圆翼。花期9月。

【分布】生长于山坡草地及路旁。全国大部地区均有分布。

【药用】夏、秋季采收全草（败酱草），全株拔起，除去泥沙，洗净，阴干或晒干。味辛、苦。有清热解毒、消痈排脓、祛瘀止痛的功效。主治肠痈、肺痈、痈肿疮毒、产后瘀阻腹痛。煎服，6～15克。外用适量。

【食用】未开花前采集嫩茎叶，用沸水焯熟，再用清水漂洗，可炒食、做馅或制干菜。

白花败酱

107

狭叶荨麻

【识别】多年生草本，高达150厘米。茎直立，有四棱，被蜇毛。单叶对生，叶片长圆状披针形或披针形，边缘有粗锯齿。雌雄异株，花序长达4厘米，多分枝；雄花花被4；雌花较雄花小，花被片4。瘦果卵形，包于宿存的花被内。花期7～8月，果期8～10月。

【分布】分布于东北、华北等地。

【药用】夏、秋季采收全草（荨麻），切段，晒干。有祛风通络、平肝定惊、消积通便、解毒的功效。主治风湿痹痛、产后抽风、小儿惊风、小儿麻痹后遗症、高血压、消化不良、大便不通、荨麻疹、跌打损伤、虫蛇咬伤。煎服，5～10克。外用适量，捣汁擦或捣烂外敷；或煎水洗。

【毒性】蜇毛有毒，被刺可引起剧痛。

狭叶荨麻

②. 单叶、叶长条形

（1）叶互生

地肤

【识别】一年生草本，高约50～150厘米，茎直立，多分枝，淡绿色或浅红色。叶互生，无柄；叶片狭披针形或线状披针形，全缘，通常有3条主脉；茎上部叶较小，有一中脉。穗状花序，花黄绿色，花被片5，近球形；花期6～9月。胞果扁球形，果期8～10月。

【分布】全国大部分地区有分布。

【药用】秋季果实成熟时采收植株，晒干，打下果实（中药名地肤子）。有清热利湿、祛风止痒的功效。主治小便涩痛、阴痒带下、风疹、湿疹、皮肤瘙痒。煎服，9～15克。外用适量。

【食用】春夏季采集嫩茎叶，用沸水焯熟，再用清水浸洗，可凉拌、炒食或做汤。

地肤

碱蓬

【识别】一年生草本，高30～150厘米。茎直立，有条棱，上部多分枝。叶互生，叶片线形，半圆柱状，肉质，灰绿色。聚伞花序，生于叶腋的短柄上，花期6～8月。胞果扁球形，包于花被内，种子双凸镜形，黑色，表面有颗粒状点纹，果期9～10月。

【分布】生于盐碱地上。分布于东北、西北、华北和河南、山东、江苏、浙江等地。

碱蓬

【药用】夏、秋季收割地上部分，晒干，亦可鲜用。有清热、消积的功效。主治食积停滞、发热。煎服，6～9克，鲜品15～30克。

【食用】夏季采集幼苗或嫩茎叶，用沸水焯熟，用清水浸洗多次，挤去汁液，可凉拌、炒食、做馅或晒成干菜。

110

猪毛菜

【识别】一年生草本，高30～100厘米。茎自基部分枝，枝互生，淡绿色，有红紫色条纹。叶片丝状圆柱形，先端有硬针刺。穗状花序，生枝条上部，花期7～9月。胞果倒卵形，种子横生或斜生，先端平，果期9～10月。

【分布】生荒地戈壁滩和含盐碱的沙质土壤上。分布于东北、华北、西北、西南及山东、江苏、安徽、河南等地。

【药用】夏、秋季开花时割取全草，晒干。有平肝潜阳、润肠通便的功效。主治高血压病、眩晕、失眠、肠燥便秘。煎服，15～30克；或开水泡后代茶饮。

【食用】夏季采集嫩茎叶，用沸水焯熟，用清水浸洗多次，挤去汁液，可凉拌、炒食或做馅。

猪毛菜

瓦松

【识别】二年生草本。一年生莲座叶短，线形，先端增大，为白色软骨质，半圆形；二年生花茎一般高10～20厘米；叶互生，疏生，有刺，线形至披针形。花序总状，花瓣5，红色，披针状椭圆形。花期8～9月，果期9～10月。

【分布】生于山坡石上或屋瓦上。分布于湖北、安徽、江苏、浙江、青海、宁夏、甘肃、陕西、河南、山东、山西、河北、内蒙古、辽宁、黑龙江。

【药用】夏、秋季花开时采收全草，除去根及杂质，晒干，切段。有凉血止血、解毒、敛疮的功效。主治血痢、便血、痔血、疮口久不愈合。煎服，3～9克。外用适量，研末涂敷患处。

【毒性】全草有小毒。

瓦松

阿尔泰狗娃花

【识别】多年生直立草本，高20～60厘米。叶互生，下部叶条形或长圆状披针形、倒披针形或近匙形，全缘或有疏浅齿，上部叶渐小，条形。头状花生于枝端排成伞房状；总苞半球形，舌状花浅蓝紫色，长条形。瘦果扁，倒卵状长圆形，灰绿色或褐色，被绢毛，冠毛污白色或红褐色。花、果期5～9月。

【分布】生于草原、荒漠地、沙地及干旱山地。分布于东北、华北、内蒙古、陕西、甘肃、青海、新疆、湖北和四川等地。

【药用】夏、秋季开花时采收全草，阴干或鲜用。有清热降火、排脓止咳的功效。主治热病、肝胆火旺、肺脓疡、咳吐脓血、膀胱炎、疱疹疮疖。煎服，5～10克。

阿尔泰狗娃花

外用适量，捣敷。

【食用】采摘嫩叶在沸水中焯熟，清水中浸洗去苦味，可凉拌。

百合

【识别】多年生草本，高60～100厘米。鳞茎球状，白色，肉质。茎直立，圆柱形，常有褐紫色斑点。叶4～5列互生；无柄；叶片线状披针形至长椭圆状披针形，全缘或微波状。花大，单生于茎顶，花被6片，乳白色或带淡棕色，倒卵形。蒴果长卵圆形，室间开裂。花期6～8月。果期9月。

【分布】分布几遍全国，大部地区有栽培。

百合

【药用】秋季采挖鳞茎，洗净，剥取鳞叶，置沸水中略烫，干燥。味甘。有养阴润肺、清心安神的功效。主治阴虚燥咳、劳嗽咳血、虚烦惊悸、失眠多梦、精神恍惚。煎服，6～12克。

【食用】秋季采挖鳞茎，可当蔬菜食用，可炒食、煮粥、做面食。

细叶百合

【识别】多年生草本，高20～60厘米。茎细，圆柱形。叶3～5列，互生，至茎顶渐少而小；无柄；叶片窄线形。花单生于茎顶，或在茎顶叶腋间各生一花，成总状花序状，俯垂；花被6片，红色，向外反卷。蒴果椭圆形。花期6～8月，果期8～9月。

【分布】分布黑龙江、吉林、辽宁、河北、河南、山东、山西、陕西、甘肃、青海、内蒙古等地。

【药用】

【食用】同百合。

细叶百合

卷丹

【识别】多年生草本，高1~1.5米。茎直立，淡紫色，被白色绵毛。叶互生，无柄；叶片披针形或长圆状披针形，上部叶腋内常有紫黑色珠芽。花3~6朵或更多，生于近顶端处，下垂，橘红色，花被片披针形向外反卷，内面密被紫黑色斑点。蒴果长圆形至倒卵形。花期6~7月，果期8~10月。

【分布】分布于河北、陕西、甘肃、山东、江苏、安徽、浙江、江西、河南、湖北、湖南、广东、四川、贵州、云南、西藏等地。

【药用】【食用】同百合。

卷丹

远志

【识别】多年生草本，高25～40厘米。茎直立或斜生，多数，由基部丛生，细柱形，上部多分枝。单叶互生，叶柄短或近于无柄；叶片线形，全缘。总状花序顶生，花小，稀疏；萼片5，其中2枚呈花瓣状，绿白色；花瓣3，淡紫色，其中1枚较大，呈龙骨瓣状，先端着生流苏状附属物。蒴果扁平，圆状倒心形，边缘狭翅状。花期5～7月，果期6～8月。

【分布】分布于东北、华北、西北及山东、安徽、江西、江苏等地。

【药用】春、秋二季采挖根，除去须根和泥沙，晒干。有安神益智、交通心肾、祛痰、消肿的功效。主治心肾不交引起的失眠多梦、健忘惊悸、神志恍惚、咳痰不爽、疮疡肿毒、乳房肿痛。煎服，3～9克。外用适量。

远志

【食用】春季采嫩叶，焯烫后可以凉拌，春秋二季挖块根，浸煮后去掉木质的心，可以煮食或炒食。

柴胡

【识别】多年生草本，高40～85厘米。茎直立，丛生，上部多分枝，并略作"之"字形弯曲。叶互生，茎生叶线状披针形，全缘，基部收缩成叶鞘，抱茎。复伞形花序顶生或侧生，花瓣鲜黄色。双悬果广椭圆形，棱狭翼状。花期7～9月，果期9～11月。

【分布】分布于东北、华北及陕西、甘肃、山东、江苏、安徽、广西等地。

柴胡

【药用】春、秋季采挖根，干燥。味辛、苦。有疏散退热、疏肝解郁、升举阳气的功效。主治感冒发热、寒热往来、胸胁胀痛、月经不调、子宫脱垂、脱肛。煎服，3～9克。

【食用】夏季采摘嫩叶，用沸水焯熟，再用清水浸洗，可凉拌、炒食。

118

亚麻

【识别】一年生直立草本，高30 ～ 100厘米。茎圆柱形，表面具纵条纹，基部稍木质化，上部多分枝。叶互生；无柄或近无柄；叶片披针形或线状披针形，全缘，叶脉通常三出。花多数，生于枝顶或上部叶腋，每叶腋生一花；花萼5，绿色，分离，卵形；花瓣5，蓝色或白色，分离，广倒卵形，边缘稍呈波状。蒴果近球形或稍扁。花期6 ～ 7月，果期7 ～ 9月。

【分布】我国大部分地区有栽培。

【药用】秋季果实成熟时采收植株，晒干，打下种子（亚麻子），除去杂质，再晒干。有润燥通便、养血祛风的功效。主治肠燥便秘、皮肤干燥、瘙痒、脱发。煎服，9 ～ 15克；外用适量，榨油涂。

【食用】种子可榨油。

亚麻

甘遂

【识别】多年生肉质草本，高25～40厘米。茎直立，淡紫红色。单叶互生，狭披针形或线状披针形，全缘。杯状聚伞花序，5～9枝簇生于茎端，基部轮生叶状苞片多枚；有时从茎上部叶腋抽生1花枝，每枝顶端再生出1～2回聚伞式3分枝；苞叶对生；萼状总苞先端4裂，腺体4枚；雄花多数和雌花1枚生于同一总苞中。蒴果圆形。花期6～9月。

【分布】分布于陕西、河南、山西、甘肃、河北等地。

【药用】春季开花前或秋末茎叶枯萎后采挖块根，撞去外皮，晒干。有泻水逐饮、消肿散结的功效。主治水肿胀满、胸腹积水、痰饮积聚、气逆咳喘、二便不利、风痰癫痫、痈肿疮毒。入丸、散服，每次0.5～1克。外用适量，生用。

【毒性】全株有毒，根毒性大。

甘遂

乳浆大戟

【识别】多年生草本。茎单生或丛生，高30～60厘米。叶线形至卵形，无叶柄；总苞叶3～5枚，与茎生叶同形；伞幅3～5，苞叶2枚，常为肾形。花序单生于二歧分枝的顶端，基部无柄；总苞钟状，边缘5裂，裂片半圆形至三角形；腺体4，新月形，两端具角，褐色。雄花多枚，苞片宽线形，无毛；雌花1枚，子房柄明显伸出总苞之外。蒴果三棱状球形，具3个纵沟。花果期4～10月。

【分布】分布于全国。

【药用】有利尿消肿、拔毒止痒的功效。主治四肢浮肿、小便淋痛不利、疟疾；外用于瘰疬、疮癣瘙痒。

【毒性】全草有毒。

乳浆大戟

雀麦

【识别】一年生草本，高30～100厘米。叶鞘包茎，被白色柔毛；叶舌透明膜质，顶端具裂齿；叶片长5～30厘米，宽2～8毫米，两面皆生白色柔毛。圆锥花序，下垂，长达20厘米，每节具3～7分枝；每枝近上部着生1～4个小穗。颖果线状长圆形。5～7月抽穗。

【分布】生长于山坡、荒野、道旁。分布长江、黄河流域。

【药用】4～6月采收茎叶，晒干。味甘。有止汗、催产的功效。主治汗出不止、难产。煎服，15～30克。

【食用】秋季种子成熟后采集，将种子碾成面，可和面蒸食。

雀麦

淡竹叶

【识别】多年生草本。秆直立，疏丛生，高40～80厘米，具5～6节。叶鞘平滑或外侧边缘具纤毛；叶舌质硬，长0.5～1毫米，褐色，背有糙毛；叶片披针形，长6～20厘米，宽1.5～2.5厘米，具横脉。圆锥花序长12～25厘米，分枝斜升或开展，长5～10厘米；小穗线状披针形。颖果长椭圆形。花果期6～10月。

【分布】分布于长江流域以南和西南等地。

【药用】夏季未抽花穗前采割茎叶，晒干。有清热泻火、除烦止渴、利尿通淋的功效。主治热病烦渴、小便短赤涩痛、口舌生疮。煎服，6～9克。

淡竹叶

【识别】一年或多年生草本,高1～1.5米。秆直立。叶片线状披针形,边缘粗糙,中脉粗厚,于背面凸起。总状花序腋生成束。颖果外包坚硬的总苞,卵形或卵状球形。花期7～9月,果期9～10月。

【分布】我国大部分地区有栽培。

【药用】秋季果实成熟时采割植株,晒干,打下果实,再晒干,除去外壳、黄褐色种皮和杂质,收集种仁。味甘。有利水渗湿、健脾止泻、除痹、排脓、解毒散结的功效。主治水肿、脚气、小便不利、脾虚泄泻、湿痹拘挛、肺痈、肠痈、赘疣、癌肿、煎服,9～30克。清利湿热宜生用,健脾止泻宜炒用。

【食用】8月后采摘薏苡成熟颖果,晒干,破碎坚硬的总苞,取出种仁,可煮粥。

薏苡

淡竹

【识别】竿高6～18米，中部节间长30～40厘米；新竿蓝绿色，密被白粉；老竿绿色或黄绿色，节下有白粉环。竿环及箨环均稍隆起，箨鞘淡红褐色或淡绿色，有紫褐色斑点，无箨耳及遂毛。箨舌紫色。竿的节上多2分枝。末级小枝具2或3叶；叶舌紫褐色。笋期4月中旬至5月下旬。

【分布】分布于黄河流域至长江流域各地。

【药用】药用部位为叶（竹叶）或卷而未放的幼叶（竹叶卷心）。随时可采，宜用鲜品。有清热泻火、除烦、生津、利尿的功效。主治热病烦渴、口疮尿赤。煎服，6～15克；鲜品15～30克。

淡竹

【食用】夏、秋季采挖竹笋，竹笋具有清热消痰的作用，可凉拌、煎炒、熬汤等。

青杆竹

【识别】竿高6～10米，直径3～5厘米，尾梢略下弯；节间长30～36厘米，幼时被白蜡粉，无毛，竿壁厚；节处微隆起，基部第一至二节于箨环之上下方各环生一圈灰白色绢毛；分枝常自竿基第一或第二节开始，以数枝乃至多枝簇生，主枝较粗长。叶片披针形至狭披针形，长10～18厘米，宽1.5～2厘米，先端渐尖而具粗糙钻状细尖头，基部近圆形或宽楔形。生于低丘陵地或溪河两岸，也常栽培于村落附近。

青杆竹

【分布】分布于广东、广西。

【药用】【食用】同淡竹。

126

（2）叶对生和轮生

瞿麦

【识别】多年生草本，高达1米。茎丛生，直立，上部二歧分枝，节明显。叶对生，线形或线状披针形，基部成短鞘状包茎，全缘。花单生或数朵集成圆锥花序；花瓣5，淡红色、白色或淡紫红色，先端深裂成细线状；花期8～9月。蒴果长圆形，果期9～11月。

【分布】全国大部分地区有分布。

【药用】花果期采割地上部分，晒干。有利尿通淋、活血通经的功效。主治热淋、血淋、石淋、小便不通、淋漓涩痛。煎服，9～15克。孕妇忌服。

【食用】4～5月采集嫩叶，用沸水焯熟，再用清水浸洗，可凉拌、炒食。

瞿麦

白花蛇舌草

【识别】一年生纤细披散草本，高15～50厘米。茎纤弱稍扁。叶对生，具短柄或无柄；叶片线形至线状披针形，叶膜质，中脉在上面下陷，侧脉不明显。花单生或2朵生于叶腋，花梗略粗壮；花冠漏斗形，白色，先端4深裂，裂片卵状长圆形。蒴果扁球形，成熟时顶部室背开裂。花期7～9月，果期8～10月。

【分布】分布于云南、广东、广西、福建、浙江、江苏、安徽等地。

【药用】夏、秋二季采收全草，洗净；或晒干，切段，生用。有清热解毒、利湿通淋的功效。主治痈肿疮毒，咽喉肿痛，毒蛇咬伤，热淋涩痛。煎服，15～60克。外用适量。

【食用及毒性】未查到有毒及食用的相关文献记载。

白花蛇舌草

霞草

【识别】多年生草本，高60～80厘米。茎直立，簇生，绿色或紫色，上部多分枝，节明显。单叶对生，无柄，叶片长圆状披针形至狭披针形，全缘，主脉3出。聚伞花序顶生或腋生；花瓣5，粉红色或白色，狭倒卵形，先端微凹。蒴果卵状球形。花期7～9月，果期8～10月。

【分布】分布于东北、华北及陕西、甘肃、山东、江苏、河南等地。

【药用】春、秋季采挖根（山银柴胡），去净泥土，切片，晒干备用。有凉血、清虚热的功效。主治阴虚肺劳、骨蒸潮热、盗汗、小儿疳热、久疟不止。煎服，3～9克。

【食用】采集未开花嫩茎叶或幼苗，用沸水焯熟，再用清水浸洗，可凉拌、炒食或做馅。

霞草

石竹

【识别】多年生草本，高达1米。茎丛生，直立，上部二歧分枝，节明显。叶对生，线形或线状披针形，基部成短鞘状包茎，全缘。花单生或数朵集成圆锥花序；花瓣倒卵状三角形，紫红色、粉红色、鲜红色或白色，顶缘不整齐齿裂，喉部有斑纹。蒴果圆筒形，包于宿存萼内，顶端4裂。花期5~6月，果期7~9月。

石竹

【分布】生于草原和山坡草地。全国大部分地区有分布。

【药用】同瞿麦（见127页）。

【食用】未开花前采集嫩茎叶，用沸水焯熟，再用清水浸洗，可凉拌、炒食、做馅。

徐长卿

【识别】多年生直立草本，高达1米。根细呈须状，形如马尾，具特殊香气。茎细而刚直，不分枝。叶对生，无柄，叶片披针形至线形。圆锥聚伞花序，生近顶端叶腋，花冠黄绿色，5深裂，广卵形，平展或向外反卷；副花冠5，黄色，肉质，肾形。蓇葖果呈角状；种子多数，卵形而扁，先端有一簇白色细长毛。花期5～7月，果期9～12月。

【分布】生于阳坡草丛中。分布于东北、华东、中南、西南及内蒙古、河北、陕西、甘肃。

徐长卿

【药用】夏、秋季采收根茎及根，洗净晒干。有祛风、化湿、止痛、止痒的功效。主治风湿痹痛、胃痛胀满、牙痛、腰痛、跌扑伤痛、风疹、湿疹。煎服，3～12克。

【食用】春季采集嫩叶，用沸水焯熟，再用清水浸泡，除去苦味，可凉拌、炒食、煮粥。

131

柳叶白前

【识别】多年生草本，高30～60厘米。茎圆柱形，表面灰绿色。单叶对生，具短柄；叶片披针形或线状披针形，全缘，边缘反卷。伞形聚伞花序腋生，有3～8朵，花冠辐状，5深裂，裂片线形，紫红色。蓇葖果单生，窄长披针形。种子披针形，先端具白色丝状绢毛。花期5～8月，果期9～10月。

【分布】分布于浙江、江苏、安徽、江西、湖南、湖北、广西、广东、贵州、云南、四川等地。

【药用】秋季采挖根茎，晒干。有降气、消痰、止咳的功效。主治肺气壅实、咳嗽痰多、胸满喘急。煎服，3～10克。

【食用】春季采摘嫩叶，用沸水焯熟，再用清水多次浸洗，可凉拌、炒食。

柳叶白前

浙贝母

【识别】多年生草本，高50～80厘米。鳞茎半球形。茎单一，直立，圆柱形。叶无柄；茎下部的叶对生，狭披针形至线形；中上部叶常3～5片轮生，叶片较短，先端卷须状。花单生于茎顶或叶腋，花钟形，俯垂；花被6片，2轮排列，长椭圆形，先端短尖或钝，淡黄色或黄绿色，具细微平行脉，内面并有淡紫色方格状斑纹。朔果卵圆形，有6条较宽的纵翅。花期3～4月，果期4～5月。

【分布】分布于浙江、江苏、安徽、湖南等地。

【药用】初夏植株枯萎时采挖鳞茎，洗净。有清热化痰止咳、解毒散结消痈的功效。主治风热咳嗽、痰火咳嗽、肺痈、乳痈、疮毒。煎服，3～10克。

浙贝母

续随子

【识别】二年生草本，高达1米，全株被白霜。茎直立，分枝多。单叶交互对生，由下而上叶渐增大，线状披针形至阔披针形，全缘。杯状聚伞花序，通常4枝排成伞状，基部轮生叶状苞4片，每枝再叉状分枝，分枝处对生卵形或卵状披针形的苞叶2片；雄花多数和雌花1枚同生于萼状总苞内，总苞4～5裂；雄花仅具雄蕊1；雌花生于花序中央，雌蕊1，子房3室，花柱3，先端2歧。蒴果近球形，表面有褐黑两色相杂斑纹。花期4～7月，果期7～8月。

【分布】分布于我国大部地区。

【药用】夏、秋二季果实成熟时采收种子（千金子），除去杂质，干燥。有泻下逐水、破血消癥、外用疗癣蚀疣。主治二便不通、水肿、痰饮、积滞胀满、血瘀经闭；外治顽癣、赘疣。去壳，去油用，多入丸、散服。外用适量，捣烂敷患处。

【毒性】全株有毒，种子毒性大，茎汁液对皮肤有烧灼作用。

续随子

蓬子菜

【识别】多年生直立草本。茎丛生，四棱形。叶6～10片轮生，无柄，叶片线形。聚伞花序集成顶生的圆锥花序状，花冠辐状，淡黄色，花冠筒极短，裂片4，卵形。双悬果2，扁球形。花期6～7月，果期8～9月。

【分布】生于山坡灌丛及旷野草地。分布于东北、西北至长江流域。

【药用】夏、秋季采收全草，鲜用或晒干。有清热解毒、活血通经、祛风止痒的功效。主治肝炎、腹水、咽喉肿痛、疮疖肿毒、跌打损伤、妇女经闭、带下、毒蛇咬伤。煎服，10～15克。外用适量，捣敷。

【食用】春季采集嫩叶，用沸水焯熟，再用清水浸洗，可凉拌、炒食。

蓬子菜

135

黄精

【识别】多年生草本。茎直立，圆柱形，单一，高50～80厘米。叶无柄；通常4～5枚轮生；叶片线状披针形至线形，先端渐尖并卷曲。花腋生，花梗先端2歧，着生花2朵；花被筒状，白色，先端6齿裂，带绿白色。浆果球形，成熟时黑色。花期5～6月，果期6～7月。

【分布】生于荒山坡及山地杂木林或灌木丛的边缘。分布黑龙江、吉林、辽宁、河北、山东、江苏、河南、山西、陕西、内蒙古等地。

黄精

【药用】春、秋二季采挖根茎，除去须根，洗净，置沸水中略烫或蒸至透心，干燥。味甘。有补气养阴、健脾、润肺、益肾的功效。主治脾胃气虚、体倦乏力、胃阴不足、口干食少、肺虚燥咳、劳嗽咳血、精血不足、腰膝酸软、须发早白、内热消渴。煎服，9 ~ 15克。

【食用】春季采摘嫩叶，用沸水焯烫后，再用清水浸洗，可凉拌、炒食。9 ~ 10月采挖根茎，煮熟后可凉拌、炖汤、煮粥、泡酒。

滇黄精

【识别】多年生草本，茎高1 ~ 3米，顶端作攀援状。叶轮生，每轮3 ~ 10枚，条形、条状披针形或披针形，先端卷。花序具2 ~ 4花，总花梗下垂，花被粉红色。浆果红色。花期3 ~ 5月，果期9 ~ 10月。

【分布】生林下、灌丛或阴湿草坡，有时生岩石上。分布于云南、四川、贵州。

【药用】【食用】同黄精。

滇黄精

3. 单叶、叶分裂

（1）羽状裂叶、叶互生

诸葛菜

【识别】一年生直立草本，高30～50厘米。基生叶和下部茎生叶羽状深裂，叶缘有钝齿；上部茎生叶长圆形或窄卵形，叶基抱茎呈耳状，叶缘有不整齐的锯齿状结构。总状花序顶生，花为蓝紫色或淡红色，随着花期的延续，花色逐渐转淡，最终变为白色；花期4～5月。长角果圆柱形，具有四条棱，内有大量细小的黑褐色卵圆形种子；果期5～6月。

【分布】分布于我国东北、华北及华东地区。

【食用】春季采集未开花的嫩叶，用沸水焯熟，再用清水浸洗，可炒食、凉拌。

诸葛菜

蔊菜

【识别】直立草本植物，高20～50厘米。叶形多变化，基生叶和茎下部叶片通常大头羽状分裂，顶裂片大，边缘具不规则牙齿，上部叶片宽披针形或匙形，具短柄或耳状抱茎，边缘具疏齿。总状花序顶生或侧生，花小，花瓣4，鲜黄色，宽匙形或长倒卵形。长角果线状圆柱形。

【分布】生于潮湿处。分布于陕西、甘肃、江苏、浙江、福建、湖北、广东、广西等地。

【药用】5～7月采收全草，鲜用或晒干。有祛痰止咳、活血解毒、利湿退黄的功效。主治咳嗽痰喘、感冒发热、风湿痹痛、咽喉肿痛、疔疮痈肿、黄疸。煎服，10～30克，鲜品加倍。外用适量，捣敷。

【食用】春季或夏季采集幼苗，用沸水焯熟，再用清水浸洗，可炒食、凉拌、煮粥。

蔊菜

139

播娘蒿

【识别】一年生直立草本，高30～70厘米，全体被柔毛，茎上部多分枝，较柔细。叶互生，2～3回羽状分裂，最终的裂片狭线形。总状花序顶生，花瓣4，黄色，匙形；花期4～6月。长角果线形；果期5～7月。

【分布】生于田野间。分布于东北、华北、西北、华东、西南等地。

【药用】夏季果实成熟时，割取全草，晒干，打下种子。种子有泻肺平喘、行水消肿的功效。主治痰涎壅肺、喘咳痰多、胸胁胀满不得平卧、胸腹水肿、小便不利。煎服，3～9克。

【食用及毒性】全株有毒，大剂量可引起心动过速，心室颤动等强心苷中毒症状。不建议食用，更不能大量、长期食用。

播娘蒿

荠菜

【识别】一年生直立草本，高20～50厘米。基生叶丛生，呈莲座状，具长叶柄，叶片大头羽状分裂，顶生裂片较大，卵形至长卵形；茎生叶狭被针形，基部箭形抱茎，边缘有缺刻或锯齿。总状花序顶生或腋生，花瓣倒卵形，4片，白色，十字形开放。短角果呈倒三角形，扁平，先端微凹。花、果期4～6月。

【分布】全国各地均有分布或栽培。

【药用】春季采集带根全草，晒干，生用。有利水消肿、明目、止血的功效。主治水肿、肝热目赤、目生翳膜、血热出血证。煎服，15～30克；鲜品加倍。

【食用】采集未开花幼苗，用沸水焯熟，可凉拌、炒食、做汤、做馅。

荠菜

防风

【识别】多年生草本，高30～80厘米。茎单生，2歧分枝。基生叶丛生，有扁长的叶柄，三角状卵形，2～3回羽状分裂，最终裂片条形至披针形；顶生叶简化，具扩展叶鞘。复伞形花序顶生；花瓣5，白色。双悬果卵形。花期8～9月；果期9～10月。

【分布】生于草原、丘陵和多石砾山坡上。分布于东北、华北及陕西、甘肃、宁夏、山东等地。

【药用】春、秋季采挖未抽花茎植株的根，晒干。味辛、甘。有祛风解表、胜湿止痛、止痉的功效。主治感冒头痛、风湿痹痛、风疹瘙痒、破伤风。煎服，4.5～9克。

【食用】春季采摘嫩芽，用沸水焯熟，可凉拌、炒食或做汤。

防风

蛇床

【识别】一年生直立草本，高20～80厘米，茎表面具深纵条纹。根生叶二至三回三出式羽状全裂；末回裂片线形至线状披针形，茎上部的叶和根生叶相似，但叶柄较短。复伞形花序顶生或侧生，花瓣5，白色，倒卵形，先端凹。双悬果椭圆形，果棱成翅状。花期4～6月，果期5～7月。

【分布】生于低山坡、田野、路旁、沟边、河边湿地。分布几遍全国各地。

【药用】夏、秋季果实成熟时采收成熟果实（蛇床子），晒干。味辛、苦，有小毒。有燥湿祛风、杀虫止痒、温肾壮阳的功效。主治阴痒带下、湿疹瘙痒、湿痹腰痛、肾虚阳痿、宫冷不孕。内服，3～9克；外用适量，多煎汤熏洗或研末调敷。

蛇床

【食用及毒性】3～6月采摘嫩茎叶，用沸水焯熟，再用清水浸洗，可凉拌、炒食、做汤。种子有毒，采摘嫩茎叶时勿混入。

小花鬼针草

【识别】一年生草本，高20～90厘米。茎下部圆柱形，有条纹，中上部常为钝四方形。叶对生，叶二至三回羽状分裂，第1次分裂深达中肋，裂片再次羽状分裂，小裂片具1～2个粗齿或再作第三回羽裂，最后一次裂片线形或线状披针形；上部叶互生，二回或一回羽状分裂。头状花序单生，无舌状花，花冠筒状。瘦果线形，略具4棱，两端渐狭，有小刚毛，顶端芒刺2枚，有倒刺毛。

【分布】分布于东北、华北、华东、西南等地。

【药用】夏、秋间采收全草，鲜用或切段干用。有清热、利尿、活血、解毒的功效。主治感冒发热、咽喉肿痛、肠炎腹泻、小便涩痛、风湿痹痛、跌打瘀肿、痈疽疮疖、毒蛇咬伤。煎服，10～30克，鲜品加倍。外用适量，捣敷。

【食用】同鬼针草。

小花鬼针草

白花前胡

【识别】多年生直立草本，高30～120厘米。基生叶有长柄，基部扩大成鞘状，抱茎；叶片三出或二至三回羽状分裂，第一回羽片2～3对，最下方的1对有长柄，其他有短柄或无柄；末回裂片菱状倒卵形，边缘具不整齐的3～4粗或圆锯齿；茎生叶和基生叶相似，较小；茎上部叶无柄，叶片三出分裂。复伞形花序顶生或侧生；花瓣5，白色，广卵形至近圆形。双悬果卵圆形，背棱线形稍突起，侧棱宽翅状。花期7～9月，果期10～11月。

【分布】分布于山东、陕西、安徽、江苏、浙江、福建、广西、江西、湖南、湖北、四川等地。

【药用】冬季至次春茎叶枯萎或未抽花茎时采挖根，晒干。味苦、辛。有降气化痰、散风清热的功效。主治痰热喘满、咯痰黄稠、风热咳嗽痰多。煎服，3～10克。

白花前胡

【食用】春季采摘嫩茎叶，先用沸水焯熟，再用清水浸洗，可凉拌、炒食或做汤。

紫花前胡

【识别】多年生草本，高1～2米。茎直立，圆柱形，紫色。根生叶和茎生叶有长柄，基部膨大成圆形的紫色叶鞘，叶片1～2回羽状全裂，1回裂片3～5片，再3～5裂，叶轴翅状，顶生裂片和侧生裂片基部连合，基部下延成翅状，最终裂片狭卵形或长椭圆形，有尖齿；茎上部叶简化成叶鞘。复伞形花序顶生，总苞卵形，紫色；花瓣深紫色，长卵形。双悬果椭圆形，背棱和中棱较尖锐，呈丝线状，侧棱发展成狭翅。花期8～9月，果期9～10月。

紫花前胡

【分布】分布于山东、河南、安徽、江苏、浙江、广西、江西、湖南、湖北、四川、台湾等地。

【药用】【食用】同白花前胡。

146

藁本

【识别】多年生直立草本。茎表面有纵直沟纹。叶互生，三角形，2回羽状全裂，最终裂片3～4对，卵形，边缘具不整齐的羽状深裂，茎上部的叶具扩展叶鞘。复伞形花序；花小，花瓣5，白色。双悬果广卵形，分果具5条果棱。花期7～8月，果期9～10月。

【分布】野生于向阳山坡草丛中或润湿的水滩边。分布河南、陕西、甘肃、江西、湖北、湖南、四川、山东、云南等地。

【药用】秋季茎叶枯萎或次春出苗时采挖根茎，晒干或烘干。味辛。有祛风、散寒、除湿、止痛的功效。主治风寒感冒、巅顶疼痛、风湿痹痛。煎服，3～9克。

【食用】春季采摘嫩茎叶，用沸水焯熟，再用清水浸洗，可凉拌、炒食或做汤。

藁本

147

辽藁本

【识别】多年生草本，高15～60厘米。根茎短。茎直立，通常单一，中空，表面具纵棱，常带紫色。基生叶在花期时凋落；茎生叶互生，在下部和中部的叶有长柄；叶片全形为广三角形，通常为3回3出羽状全裂，最终裂片卵形或广卵形，先端短渐尖，基部楔形，或近圆形，边缘有少数缺刻状牙齿；茎上部的叶较小，叶柄鞘状，2回3出羽状全裂。复伞形花序顶生；伞梗6～19个；花瓣5，白色，椭圆形。双悬果椭圆形。花期7～9月，果期9～10月。

【分布】生于山地林缘以及多石砾的山坡林下。分布吉林、辽宁、河北、山东、山西等地。

【药用】【食用】同藁本。

辽藁本

148

川芎

【识别】多年生直立草本，高40～70厘米，全株有浓烈香气。茎下部的节膨大成盘状，中部以上的节不膨大。茎下部叶具柄，基部扩大成鞘；叶片三至四回三出式羽状全裂，羽片4～5对，卵状披针形，末回裂片线状披针形至长卵形，顶端有小尖头，茎上部叶渐简化。复伞形花序顶生或侧生，花瓣白色，倒卵形至椭圆形。幼果两侧扁压。花期7～8月，幼果期9～10月。

【分布】分布四川、贵州、云南一带，多为栽培。

【药用】夏季当茎上的节盘显著突出并略带紫色时采挖根茎，晒后烘干。味辛。有活血行气、祛风止痛的功效。主治胸痹心痛、胸胁刺痛、跌扑肿痛、月经不调、经闭痛经、癥瘕腹痛、头痛、风湿痹痛。煎服，3～10克。

【食用】春季采摘嫩叶，先用沸水焯熟，再用清水浸洗，可凉拌或做汤。

川芎

野胡萝卜

【识别】二年生直立草本，高20～120厘米，全株被白色粗硬毛。基生叶二至三回羽状全裂，末回裂片线形或披针形；茎生叶近无柄，末回裂片小而细长。复伞形花序顶生，总苞片多数，叶状，羽状分裂，裂片线形；花通常白色，有时带淡红色。双悬果长卵形具棱，棱上有翅，棱上有短钩刺或白色刺毛。花期5～7月，果期6～8月。

【分布】分布于江苏、安徽、浙江、江西、湖北、四川、贵州等地。

【药用】秋季果实成熟时采收，晒干，打下果实，除去杂质。味苦、辛；有小毒。有杀虫消积的功效。主治蛔虫病、蛲虫病、绦虫病、虫积腹痛、小儿疳积。煎服，3～10克。

野胡萝卜

【食用】春季未开花前采集嫩叶，用沸水焯熟，再用清水浸洗，可凉拌、炒食。秋季挖掘根，可腌制酱菜。

祁州漏芦

【识别】多年生直立草本，高25～65厘米。茎不分枝，具白色绵毛或短毛。基生叶及下部茎叶羽状全裂呈琴形，裂片常再羽状深裂，两面均被蛛丝状毛或粗糙毛茸；中部及上部叶较小。头状花序单生茎顶；总苞宽钟状，总苞片多层；花冠淡紫色。瘦果倒圆锥形，棕褐色，有宿存之羽状冠毛。花期5～7月，果期6～8月。

【分布】分布于黑龙江、吉林、辽宁、内蒙古、河北、山东、山西、陕西、甘肃等地。

【药用】春、秋二季采挖根（漏芦），晒干。味苦。有清热解毒、消痈、下乳、舒筋通脉的功效。主治乳痈肿痛、痈疽发背、瘰疬疮毒、乳汁不通、湿痹拘挛。煎服，5～9克。外用适量，研末调敷或煎水洗。

【食用】采摘未开花前嫩茎叶，用沸水焯熟，再用清

祁州漏芦

水冲洗，可凉拌、做汤、炒食或做馅。

鬼针草

【识别】一年生直立草本，高40～85厘米。中、下部叶对生，2回羽状深裂，裂片披针形或卵状披针形，边缘具不规则的细尖齿或钝齿；上部叶互生，较小，羽状分裂。头状花序，总苞杯状；花杂性，边缘舌状花黄色，中央管状花黄色。瘦果黑色，条形，顶端芒刺3～4枚，具倒刺毛。花期8～9月。果期9～11月。

【分布】全国大部分地区有分布。

【药用】在夏、秋季开花盛期，收割地上部分，鲜用或晒干。味苦。有清热解毒、祛风除湿、活血消肿的功效。主治咽喉肿痛、湿热泻痢、黄疸尿赤、风湿痹痛、肠痈腹痛、疔疮肿毒、蛇虫咬伤、跌打损伤。煎服，15～30克。

鬼针草

外用适量，捣敷或取汁涂于患处，或煎水熏洗。

【食用】4~5月采集幼苗、嫩叶，用沸水焯熟，再用清水浸泡，可炒食、凉拌、做汤。

菊

【识别】多年生直立草本，高50~140厘米。叶互生，卵形或卵状披针形，羽状浅裂或半裂，两面密被白绒毛。头状花序顶生成腋生，单个或数个集生于茎枝顶端；舌状花位于边缘，白色、黄色、淡红色或淡紫色；管状花位于中央，黄色。瘦果矩圆形。花期9~11月。

【分布】我国大部分地区有栽培。

【药用】9~11月花盛开时分批采收花序，阴干或焙干，或熏、蒸后晒干。味甘、苦。有散风清热、平肝明目、清热解毒的功效。主治风热感冒、头痛眩晕、目赤肿痛、眼目昏花、疮痈肿毒。煎服，5~9克。

【食用】秋季采摘嫩茎叶，用沸水焯熟后可凉拌或煮粥；花晒干后可以泡茶、炖汤、泡酒。

菊

野菊

【识别】多年生草本，高25～100厘米。茎直立或基部铺展。茎生叶卵形或长圆状卵形，羽状分裂或分裂不明显；顶裂片大；侧裂片常2对，卵形或长圆形，全部裂片边缘浅裂或有锯齿。头状花序，在茎枝顶端排成伞房状圆锥花序或不规则的伞房花序；舌状花黄色。花期9～10月。

【分布】全国各地均有分布。

【药用】秋、冬季花初开放时采摘花序，晒干，或蒸后晒干。味苦。有清热解毒、泻火平肝的功效。主治疔疮痈肿、目赤肿痛、头痛眩晕。煎服，10～15克。外用适量。

【食用】3～5月采集嫩叶及茎芽，用沸水焯熟，再用清水浸洗1～2小时，除去苦味，可凉拌、炒食、做馅、做汤。花晒干后可以泡茶。

野菊

野茼蒿

【识别】直立草本，高20～120厘米。叶膜质，椭圆形或长圆状椭圆形，边缘有不规则锯齿或重锯齿，或有时基部羽状裂。头状花序数个在茎端排成伞房状，花冠红褐色或橙红色。瘦果狭圆柱形，赤红色，有肋，被毛；冠毛极多数，白色，绢毛状，易脱落。花期7～12月。

【分布】江西、福建、湖南、湖北、广东、广西、贵州、云南、四川、西藏。

【药用】夏季采收全草，鲜用或晒干。有清热解毒、调和脾胃的功效。主治感冒、肠炎、痢疾、口腔炎、乳腺炎、消化不良。煎汤服，30～60克；外用适量，捣敷。

【食用】未开花前采摘嫩叶，用沸水焯熟，可凉拌、炒食。

野茼蒿

茵陈蒿

【识别】多年生直立草本，高0.5 ~ 1米，幼时全体有褐色丝状毛。营养枝上的叶2 ~ 3回羽状裂或掌状裂，小裂片线形或卵形，密被白色绢毛；花枝上的叶无柄，羽状全裂，裂片呈线形或毛管状，基部抱茎，绿色，无毛。头状花序多数，密集成圆锥状；花淡紫色。瘦果长圆形。花期9 ~ 10月。果期11 ~ 12月。

【分布】全国各地均有分布。

【药用】春季幼苗高6 ~ 10厘米时采收或秋季花蕾长成至花初开时采割地上部分（茵陈），晒干。味苦、辛。有清利湿热、利胆退黄的功效。主治黄疸尿少、湿温暑湿、湿疮瘙痒。煎服，6 ~ 15克。外用适量，煎汤熏洗。

【食用】于11月至翌年4月采集幼苗、嫩叶，4月以后不可食用。用沸水焯3 ~ 5分钟，清水浸泡3 ~ 5小时，去除异味，可炒食、凉拌或制干菜。

茵陈蒿

艾蒿

【识别】多年生直立草本，高45 ~ 120厘米，茎被灰白色软毛，从中部以上分枝。单叶互生，叶片卵状椭圆形，羽状深裂，裂片椭圆状披针形，边缘具粗锯齿，上面密布腺点，下面密被灰白色绒毛。头状花序多数，排列成复总状；花红色，多数。瘦果长圆形。花期7 ~ 10月。

【分布】分布于全国大部分地区。

【药用】夏季花未开时采摘叶，晒干。味辛、苦，有小毒。有温经止血、散寒止痛的功效；外用祛湿止痒。主治吐血、衄血、崩漏、月经过多、胎漏下血、少腹冷痛、经寒不调、宫冷不孕、外治皮肤瘙痒。煎服，3 ~ 10克。外用适量。

【食用及毒性】全株有小毒，大剂量可引起胃肠道急性炎症。建议不要食用，更不可大量及长期食用。

艾蒿

157

泥胡菜

【识别】二年生直立草本，高30～80厘米。基生叶莲座状，倒披针形或倒披针状椭圆形，提琴状羽状分裂，顶裂片三角形，较大，侧裂片长椭圆状披针形，下面被白色蛛丝状毛；中部叶椭圆形，无柄，羽状分裂；上部叶条状披针形至条形。头状花序多数，有长梗，花紫色。瘦果椭圆形，具纵肋，冠毛白色，羽毛状。花期5～6月。

泥胡菜

【分布】生于路旁、荒草丛中或水沟边。我国各地大都有分布。

【药用】夏、秋季采集全草，鲜用或晒干。味辛、苦。有清热解毒、散结消肿的功效。主治痔漏、痈肿疔疮、乳痈、淋巴结炎、风疹、外伤出血。煎服，9～15克。外用适量，捣敷或煎水洗。

【食用】12月至翌年4月采集幼嫩苗叶，用沸水焯熟，再用清水浸洗，挤出汁液，可凉拌、炒食。

菊蒿

【识别】多年生草本，高30～150厘米。茎直立，单生或少数茎成簇生，仅上部有分枝。茎叶多数，二回羽状分裂。一回为全裂，侧裂片达12对；二回为深裂，二回裂片卵形、线状披针形、斜三角形或长椭圆形。下部茎叶有长柄，中上部茎叶无柄。头状花序多数在茎枝顶端排成稠密的伞房或复伞房花序。总苞片3层，外层卵状披针形，全部苞片边缘白色或浅褐色狭膜质，顶端膜质扩大。全部小花管状，边缘雌花比两性花小。花果期6～8月。

菊蒿

【分布】分布于黑龙江及新疆。

【毒性及应用】全草有毒。茎及头状花序含杀虫物质，可作杀虫剂。

青蒿

【识别】一年生直立草本，高40～150厘米，全株具较强挥发油气味。茎生叶互生，为三回羽状全裂，裂片短细。头状花序细小，球形，多数组成圆锥状；管状花，黄色。瘦果椭圆形。花期8～10月，果期10～11月。

【分布】全国大部地区均有分布。

【药用】秋季花盛开时采割地上部分，除去老茎，阴干。味苦、辛。有清虚热、除骨蒸、解暑热、截疟、退黄的功效。主治温邪伤阴、夜热早凉、阴虚发热、骨蒸劳热、暑邪发热、疟疾寒热、湿热黄疸。煎服，6～12克，不宜久煎。

【食用】春季采摘嫩茎叶，用沸水焯熟后，再用清水浸洗，可凉拌、做汤。

青蒿

续断菊

【识别】一年生草本，高30～70厘米。根纺锤状或圆锥状。叶互生，下部叶叶柄有翅，中上部叶无柄，基部有扩大的圆耳，叶片长椭圆形或倒圆形，不分裂或缺刻状半裂或羽状全裂，边缘有不等的刺状尖齿。头状花序在茎顶密集成伞房状，舌状花黄色。瘦果长椭圆状倒卵形，压扁，两面各有3条纵肋，冠毛白色。

【分布】生于路边、田野。分布于全国各地。

【药用】春、夏采收全草，鲜用或晒干。味苦。有清热解毒、止血的功效。主治疮疡肿毒、小儿咳喘、肺痨咳血。煎服，9～15克，鲜品加倍。外用适量，鲜品捣敷。

续断菊

【食用】春、夏季采集嫩茎叶，用沸水焯熟，再用清水浸泡去苦味，挤出汁液，可凉拌、做馅、做汤、煮粥或腌制咸菜。

关苍术

【识别】多年生直立草本，高达70厘米。茎下部叶3～5羽裂，侧裂片长圆形、倒卵形或椭圆形，边缘刺齿平伏或内弯，顶裂片较大；茎上部叶3裂至不分裂。头状花序顶生，下有羽裂的叶状总苞一轮；花冠白色，细长管状。瘦果长圆形。花期8～9月，果期9～10月。

【分布】分布于黑龙江、吉林、辽宁。

【药用】春、秋季采挖根茎，晒干，撞去须根。味辛、苦。有燥湿健脾、祛风散寒、明目的功效。主治湿阻中焦、脘腹胀满、泄泻、水肿、风湿痹痛、风寒感冒、眼目昏涩。煎服，5～10克。

【食用】采摘嫩茎叶，用沸水焯熟，再用清水浸洗，可凉拌或炒食。

关苍术

苦苣菜

【识别】多年生草本，全株有乳汁。茎直立，高30～80厘米。叶互生，披针形或长圆状披针形，基部耳状抱茎，边缘有疏缺刻或浅裂，缺刻及裂片都具尖齿。头状花序顶生，总苞钟形；花全为舌状花，黄色。瘦果长椭圆形，具纵肋，冠毛细软。花期7月至翌年3月。果期8～10月至翌年4月。

【分布】我国大部分地区有分布。

【药用】春季开花前连根拔起全草，洗净，晒干。有清热解毒、利湿排脓、凉血止血的功效。主治咽喉肿痛、疮疖肿毒、痔疮、急性菌痢、肠炎、肺脓疡、急性阑尾炎、衄血、咯血、尿血、便血、崩漏。煎汤服，9～15克；鲜品30-60克；或鲜品绞汁。外用适量，煎汤熏洗；或鲜品捣敷。

【食用】3～8月采摘嫩苗或嫩茎叶，用沸水焯熟，再用清水漂洗，可炒食、凉拌或煮粥。

苦苣菜

抱茎苦荬菜

【识别】多年生直立草本，高30～80厘米。基生叶多数，长圆形，基部下延成柄，边缘具锯齿或不整齐的羽状深裂；茎生叶较小，卵状长圆形，基部耳形或戟形抱茎，全缘或羽状分裂。头状花序密集成伞房状，舌状花黄色。瘦果黑色，纺锤形，冠毛白色。花、果期4～7月。

【分布】生于荒野、山坡、路旁及疏林下。分布于东北、华北和华东。

【药用】5～7月采收全草，晒干或鲜用。味苦。有止痛消肿、清热解毒的功效。主治头痛、牙痛、胃痛、手术后疼痛、跌打伤痛、阑尾炎、肠炎、肺脓肿、咽喉肿痛、痈肿疮疖。煎服，9～15克；外用适量，水煎熏洗或捣敷。

【食用】春、夏季采集幼苗，用沸水焯熟，再用清水浸洗，可凉拌、炒食。

抱茎苦荬菜

蒌蒿

【识别】多年生直立草本，高60～150厘米。叶互生，下部叶在花期枯萎，中部叶密集，羽状深裂，侧裂片1～2对，线状披针形或线形，边缘有疏尖齿；上部叶3裂或线形而全缘。头状花序近球形，在分枝上排成总状或复总状花序，花黄色。瘦果卵状椭圆形。花、果期8～11月。

【分布】分布于东北、华北、华东、华中等地。

【药用】春季采收嫩根苗，鲜用。有利膈开胃的功效。主治食欲不振。煎汤服，5～10克。

【食用】春季采摘嫩茎去叶，用沸水焯熟后炒食。

蒌蒿

莨菪

【识别】一年生或二年生草本，有特殊臭味。茎高40～80厘米，上部具分枝，全体被白色腺毛。基生叶大，叶片长卵形，呈不整齐的羽状浅裂；茎生叶互生，排列较密，无柄，卵状披针形，每侧有2～5个疏大齿牙或浅裂，叶渐上渐小，最上部的叶常呈交叉互生，成2列状。花腋生，单一；花冠漏斗状，5浅裂，浅黄色，具紫色网状脉纹。萼管基部膨大，宿存，内包壶形蒴果。花期5月，果期6月。

【分布】分布于黑龙江、吉林、辽宁、河北、河南、浙江、江西、山东、江苏、山西、陕西、甘肃、内蒙古、青海、新疆、宁夏、西藏等地。

莨菪

【药用】夏、秋二季果皮变黄色时，采摘果实，曝晒，打下种子，筛去果皮、枝梗，晒干。有解痉止痛、安神定喘的功效。主治胃痉挛疼痛、喘咳、癫狂。煎服，0.06～0.6克。

【毒性】全草有毒。

大蓟

【识别】多年生宿根草本。茎高100～150厘米，有纵条纹，密被白软毛。叶互生，羽状分裂，裂片5～6对，先端尖，边缘具不等长浅裂和斜刺，基部渐狭，形成两侧有翼的扁叶柄，茎生叶向上逐渐变小。头状花序，单生在枝端；总苞球形，苞片6～7列，披针形，锐头，有刺；全部为管状花，紫红色。瘦果扁椭圆形。花期5～6月；果期6～8月。

【分布】全国大部分地区有分布。

【药用】夏、秋季花开时采割地上部分，晒干。味甘、苦。有凉血止血、散瘀解毒、消痈的功效。主治衄血、吐血、尿血、便血、崩漏、外伤出血、痈肿疮毒。煎服，10～15克，鲜品可用30～60克。外用适量，捣敷患处。

大蓟

【食用】4～5月采集嫩茎叶，用沸水焯熟，再用清水浸洗，可凉拌、炒食、做汤、晒干菜或腌制咸菜。秋季末挖掘肉质根，水煮后可腌制咸菜。

白屈菜

【识别】多年生草本，高30～100厘米，含橘黄色乳汁。茎直立，多分枝，有白粉，具白色细长柔毛。叶互生，一至二回奇数羽状分裂；基生叶裂片5～8对，裂片先端钝，边缘具不整齐缺刻；茎生叶裂片2～4对，边缘具不整齐缺刻。花数朵，排列成伞形聚伞花序；花瓣4枚，卵圆形或长卵状倒卵形，黄色。蒴果长角形，成熟时由下向上2瓣。花期5～8月，果期6～9月。

【分布】分布于东北、华北、西北及江苏、江西、四川等地。

【药用】盛花期割取地上部分，晒干。有镇痛、止咳、利尿、解毒的功效。主治胃痛、腹痛、肠炎、痢疾、慢性支气管炎、百日咳、咳嗽、黄疸、水肿、腹水、疥癣疮肿、蛇虫咬伤。煎服，3～6克。外用适量，捣汁涂。

【食用及毒性】全株有毒，虽有有关文献记载嫩叶可

白屈菜

食用，但不要食用。

紫堇

【识别】一年生草本，高10～30厘米。茎直立，自下部起分枝。基生叶，有长柄；叶片轮廓卵形至三角形，二至三回羽状全裂，末回裂片狭卵形。总状花序顶生或与叶对生，疏着花5～8朵；花冠淡粉紫红色。蒴果条形。花期3～4月，果期4～5月。

【分布】分布于华东及河北、山西、陕西、甘肃、河南、湖北、四川、贵州等地。

【药用】春、夏季采挖全草或根，除去杂质，洗净，阴干或鲜用。有清热解毒、杀虫止痒的功效。主治疮疡肿毒、聤耳流脓、咽喉疼痛、顽癣、秃疮、毒蛇咬伤。煎服，4～10克。外用适量，捣敷或煎水外洗。

【毒性】全草有毒。

紫堇

小花黄堇

【识别】一年生草本，高10～55厘米，具恶臭。茎直立，多分枝。叶互生；叶2～3回羽状全裂，一回裂片7～9枚，末回裂片卵形，先端钝圆，边缘羽状深裂。总状花序顶或腋生，花冠黄色。蒴果条形，种子扁球形。花期3～4月，果期4～5月。

【分布】分布于长江流域中、下游和珠江流域。

【药用】夏季采收全草或根（黄堇），洗净，晒干。有清热利湿、解毒杀虫的功效。主治湿热泄泻、痢疾、黄疸、目赤肿痛、聍耳流脓、疮毒、疥癣、毒蛇咬伤。煎服，3～6克，鲜者15～30克；或捣汁。外用适量，捣敷。

【毒性】全草有毒。

小花黄堇

北苍术

【识别】多年生草本，高30～50厘米。叶无柄；茎下部叶匙形，多为3～5羽状深缺刻，先端钝，基部楔形而略抱茎；茎上部叶卵状披针形至椭圆形，3～5羽状浅裂至不裂，叶缘具硬刺齿。头状花序，基部叶状苞披针形，边缘长栉齿状；花冠管状，白色，先端5裂，裂片长卵形。瘦果密生向上的银白色毛。花期7～8月，果期8～10月。

【分布】生长于山坡灌木丛及较干旱处。分布吉林、辽宁、河北、山东、山西、陕西、内蒙古等地。

【药用】【食用】同关苍术（见162页）。

北苍术

白术

【识别】多年生草本，高30～80厘米。茎直立，上部分枝。茎下部叶有长柄，叶片3裂或羽状5深裂，裂片卵状披针形至披针形，叶缘均有刺状齿，先端裂片较大；茎上部叶柄渐短，狭披针形，分裂或不分裂。总苞钟状，总苞片7～8列，覆瓦状排列；花多数，着生于平坦的花托上；花冠管状，淡黄色，上部稍膨大，紫色，先端5裂，裂片披针形，外展或反卷。瘦果长圆状椭圆形，密被黄白色绒毛。花期9～10月，果期10～12月。

【分布】现广为栽培，安徽、江苏、浙江、福建、江西、湖南、湖北、四川、贵州等地均有分布。

白术

【药用】冬季下部叶枯黄、上部叶变脆时采挖根茎，除去泥沙，烘干或晒干，再除去须根。有健脾益气、燥湿利水、止汗、安胎的功效。主治脾虚食少、腹胀泄泻、痰饮眩悸、水肿自汗、胎动不安。煎服，6～12克。

【食用及毒性】未查到有关毒性及食用方法的文献记载。

虞美人

【识别】一年或二年生植物，高30～90厘米。全体被伸展刚毛。茎直立，有分枝。叶互生；下部的叶具柄，上部者无柄；叶片披针形，羽状分裂，下部全裂，边缘有粗锯齿，两面被淡黄色刚毛。花单朵顶生，颜色鲜艳，未开放前下垂；花瓣4，近圆形，紫红色，边缘带白色，基部具深紫色的小紫斑。蒴果阔倒卵形，花盘平扁，边缘圆齿状。花期4～5月，果期5～7月。

【分布】我国各地庭园有栽培。

【药用】夏、秋季采集全草或花，晒干。有镇咳、镇痛、止泻的功效。主治咳嗽、偏头痛、腹痛、痢疾。煎服，花1.5～3克；全草3～6克。

【毒性】全草有毒。

虞美人

龟背竹

【识别】茎绿色，粗壮。叶柄绿色，长常达1米，腹面扁平，背面钝圆，基部甚宽，对折抱茎；叶片大，轮廓心状卵形，厚革质，表面发亮，淡绿色，背面绿白色，边缘羽状分裂。佛焰苞厚革质，宽卵形，舟状，近直立，先端具喙。肉穗花序近圆柱形，淡黄色。雄蕊花丝线形，花粉黄白色。雌蕊陀螺状，线形，纵向，黄色，稍凸起。浆果淡黄色，柱头周围有青紫色斑点。花期8～9月。

【分布】我国各地有栽培供观赏。

【食用】据《中国植物志》记载：果序味美可食，但常具麻味。

【毒性】汁液有刺激和腐蚀作用，皮肤接触可引起疼痛和灼伤。

龟背竹

芸香

【识别】多年生木质草本，高可达1米。全株无毛但多腺点。叶互生，二至三回羽状全裂至深裂；裂片倒卵状长圆形、倒卵形或匙形，全缘或微有钝齿。聚伞花序顶生或腋生；花两性，金黄色花瓣4～5，边缘细撕裂状。蒴果4～5室；种子有棱，种皮有瘤状突起。花期4～5月，果期6～7月。

【分布】我国南部多有栽培。

【药用】7～8月生长盛期收割全草（臭草），阴干或鲜用。有祛风清热、活血散瘀、消肿解毒的功效。主治感冒发热、小儿高热惊风、痛经、闭经、跌打损伤、热毒疮疡、小儿湿疹、蛇虫咬伤。煎服，3～9克，鲜品15～30克；或捣汁。外用适量，捣敷；或塞鼻。

【毒性】全草可致流产，挥发油对皮肤有烧灼作用，使皮肤发红、起疱。

芸香

175

蓍草

【识别】多年生直立草本，高50 ~ 100厘米。叶互生，无柄，叶片长线状披针形，栉齿状羽状深裂或浅裂，裂片线形，排裂稀疏。头状花序多数，集生成伞房状；总苞钟状，总苞片卵形，3层，覆瓦状排列；边缘舌状花，雌性，5 ~ 11朵，白色，花冠长圆形，先端3浅裂；中心管状花，两性，白色，花药黄色，伸出花冠外面。瘦果扁平。花期7 ~ 9月，果期9 ~ 10月。

【分布】分布于东北、华北及宁夏、甘肃、河南等地。各地广泛栽培。

蓍草

【药用】夏、秋季采收全草，洗净，鲜用或晒干。有祛风止痛、活血、解毒的功效。主治感冒发热、头风痛、牙痛、风湿痹痛、血瘀经闭、腹部痞块、跌打损伤、毒蛇咬伤、痈肿疮毒。煎汤服，10 ~ 15克；外用适量，煎水洗。

【毒性】全草有毒。

（2）羽状裂叶、叶对生

马鞭草

【识别】多年生直立草本，高达1米。叶对生，叶片倒卵形或长椭圆形，羽状深裂，裂片上疏生粗锯齿，两面均有硬毛。穗状花序顶生或腋生；花冠唇形，上唇2裂，下唇3裂，喉部有白色长毛，花紫蓝色。蒴果长方形，成热时分裂为4个小坚果。花期6～8月，果期7～10月。

【分布】分布全国各地。

【药用】6～8月花开时采割地上部分，晒干。味苦。有活血散瘀、截疟、解毒、利水消肿的功效。主治癥瘕积聚、经闭痛经、疟疾、喉痹、痈肿、水肿、热淋。煎服，5～10克。

【食用】春季采摘嫩茎叶，用沸水焯熟，再用清水浸洗，可凉拌、做汤、煮粥。

马鞭草

裂叶荆芥

【识别】一年生直立草本，高60～100厘米，具强烈香气。叶对生，羽状深裂，裂片3～5，裂片披针形，全缘。轮伞花序，密集于枝端成穗状，花冠浅红紫色，二唇形。小坚果长圆状三棱形，棕褐色，表面光滑。花期7～9月，果期9～11月。

【分布】全国大部分地区有分布。

【药用】夏、秋二季花开到顶、穗绿时采割地上部分（荆芥），晒干。有解表散风、透疹、消疮的功效。主治感冒、头痛、麻疹、风疹、疮疡初起。煎服，4.5～9克，不宜久煎。

【食用】未开花前采摘嫩茎叶，用沸水焯熟，再用清水浸洗去异味，可炒食、凉拌。

裂叶荆芥

黄花败酱

【识别】多年生直立草本，高50～100厘米。基生叶丛生，茎生叶对生，叶片2～3对羽状深裂，中央裂片最大，椭圆形或卵形，叶缘有粗锯齿。聚伞状圆锥花序集成疏而大的伞房状花序，花冠黄色，上部5裂。果椭圆形。花期7～9月，果期9～10月。

【分布】生长于山坡草地及路旁。全国大部地区均有分布。

【药用】【食用】同白花败酱（见107页）。

黄花败酱

缬草

【识别】多年生草本，高100～150厘米。茎直立，有纵条纹。基生叶丛出，单数羽状复叶或不规则深裂，小叶片9～15，顶端裂片较大，全缘或具少数锯齿；茎生叶对生，无柄抱茎，单数羽状全裂，裂片每边4～10，披针形，全缘或具不规则粗齿；向上叶渐小。伞房花序顶生，花小，花冠管状，花冠淡紫红或白色，5裂，裂片长圆形。瘦果长卵形。花期6～7月，果期7～8月。

【分布】分布我国东北至西南。

缬草

【药用】9～10月采挖根及根茎，去掉茎叶及泥土，晒干，生用。有安神、理气、活血止痛的功效。主治心神不宁、失眠少寐、惊风、癫痫、血瘀经闭、痛经、腰腿痛、跌打损伤、脘腹疼痛。煎服，3～6克。治外伤出血，可用本品研末外敷。

狼杷草

【识别】一年生直立草本，高30～80厘米，茎由基部分枝。叶对生，茎中、下部的叶片羽状分裂或深裂，裂片3～5，卵状披针形至狭披针形，边缘疏生不整齐大锯齿，顶端裂片通常比下方者大；茎顶部的叶小，有时不分裂。头状花序顶生，球形或扁球形，花皆为管状，黄色。瘦果扁平，边缘有倒生小刺。花期8～9月，果期10月。

【分布】生于水边湿地、沟渠及浅水滩。全国大部分地区有分布。

【药用】夏、秋间割取地上部分，晒干。有清热解毒、养阴敛汗的功效。主治感冒、扁桃体炎、咽喉炎、肠炎、痢疾、泌尿系感染、疖肿、湿疹、皮癣。煎服，10～20克；外用适量，鲜草捣烂敷，鲜草绞汁搽患处。

【食用】春季挖幼苗，夏季采摘嫩叶，洗净，放入沸水焯熟，清水浸泡，捞出控干水分，可炒食、凉拌。

狼杷草

棉团铁线莲

【识别】直立草本，高30～100厘米。叶对生，一至二回羽状深裂，裂片线状披针形、长椭圆状披针形、椭圆形或线形，全缘。聚伞花序顶生或腋生，萼片通常6，长椭圆形或狭倒卵形，白色，开展，外面密生白色细毛，花蕾时像棉花球。瘦果倒卵形，宿存花柱羽毛状。花期6～8月，果期7～10月。

【分布】分布于黑龙江、吉林、辽宁、内蒙古、河北、山西、陕西、甘肃东部、山东及中南地区。

【药用】夏、秋季采收根及全草，晒干。味辛、微苦。有祛风除湿、清热解毒的功效。主治感冒风热、咽喉肿痛、腮腺炎、风湿痹痛、虫蛇所伤。煎服，10～15克，鲜品30～60克。外用鲜品适量，捣敷；或煎水洗。

【食用】春季采集嫩叶，用沸水焯熟，再用清水浸洗去辣味，可凉拌、炒食。

棉团铁线莲

（3）掌状裂叶

野老鹳草

【识别】一年生直立草本，高20～60厘米。茎具棱角，密被倒向短柔毛。基生叶早枯，茎生叶互生或最上部对生；茎下部叶具长柄；叶片圆肾形，基部心形，掌状5～7裂近基部，裂片楔状倒卵形或菱形，下部楔形、全缘，上部羽状深裂，小裂片条状矩圆形，先端急尖。花序腋生和顶生；顶生总花梗常数个集生，花序呈伞形状；花瓣淡紫红色，倒卵形。蒴果被短糙毛，果瓣由喙上部先裂向下卷曲。花期4～7月，果期5～9月。

【分布】分布于山东、安徽、江苏、浙江、江西、湖南、湖北、四川和云南。

【药用】夏、秋季果实近成熟时采割地上部分，晒干。味辛、苦。有祛风湿、通经络、止泻痢的功效。主治风湿痹痛、麻木拘挛、筋骨酸痛、泄泻痢疾。煎服，9～15克。外用适量。

野老鹳草

冬葵

【识别】一年生草本，高30～90厘米，茎直立。叶互生，掌状5～7浅裂，圆肾形或近圆形，边缘具钝锯齿，有长柄。花丛生于叶腋，淡红色，花冠5瓣，倒卵形，先端凹入。果实扁圆形，由10～12心皮组成，果熟时各心皮彼此分离。

【分布】分布全国各地。

【药用】夏、秋季种子成熟时采收，阴干，生用或捣碎用。味甘、涩。有利尿通淋、下乳、润肠的功效。主治淋证、乳汁不通、乳房胀痛、便秘。煎服，3～9克。

【食用】春季采摘嫩茎叶，剥去茎叶与叶柄的外皮，炒熟或蒸熟食用。

冬葵

蜀葵

【识别】二年生直立草本，高达2米，茎枝密被刺毛。叶互生，叶近圆心形，掌状5～7浅裂或波状棱角，裂片三角形或圆形。花腋生，排列成总状花序式。花大，有红、紫、白、粉红、黄和黑紫等色；单瓣或重瓣，花瓣倒卵状三角形，先端凹缺。果盘状，分果爿近圆形，多数。花期2～8月。

【分布】各地广泛栽培。

【药用】夏、秋季采收花，晒干。味甘。有和血止血、解毒散结的功效。主治吐血、衄血、月经过多、赤白带下、二便不通、痈疽疔肿、蜂蝎螫伤、烫伤、火伤。煎服，3～9克。外用适量，鲜品捣敷。

蜀葵

【食用】春季采集嫩苗，用沸水焯熟，再用清水浸洗，可凉拌、炒食。6月采摘花，可炒食、做汤。

野西瓜苗

【识别】一年生直立草本，高25～70厘米，茎被白色星状粗毛。叶2型；下部的叶圆形，不分裂，上部的叶掌状3～5深裂，中裂片较长，两侧裂片较短，裂片倒卵形至长圆形，通常羽状全裂。花单生于叶腋，花淡黄色，内面基部紫色，花瓣5，倒卵形。蒴果长圆状球形，果爿5，种子肾形，黑色。花期7～10月。

【分布】生于平原、山野、丘陵或田埂。分布于全国各地。

【药用】夏、秋季采收根或全草，去净泥土，晒干。有清热解毒、利咽止咳的功效。主治咽喉肿痛、咳嗽、泻痢、疮毒、烫伤。煎服，15～30克，鲜品30～60克。外用适量，鲜品捣敷。

【食用】春季采集嫩苗，用沸水焯熟，再用清水浸洗，可凉拌、炒食。

野西瓜苗

大麻

【识别】一年生草本，高1～3米。茎直立，表面有纵沟，密被短柔毛，基部木质化。掌状叶互生，全裂，裂片3～11枚，披针形至条状披针形，边缘具粗锯齿。雄花序为疏散的圆锥花序，顶生或腋生，黄绿色；雌花簇生于叶腋，黄绿色。瘦果卵圆形。花期5～6月，果期7～8月。

【分布】全国各地均有栽培。分布于东北、华北、华东、中南等地。

【药用】秋季果实成熟时采收成熟种子（火麻仁），除去杂质，晒干。有润肠通便的功效。主治血虚津亏、肠燥便秘。煎服，10～15克。

【毒性】全株有毒，花毒性较大。

大麻

掌叶大黄

【识别】多年生高大草本。茎直立，高2米左右，光滑无毛，中空。根生叶大，有肉质粗壮的长柄，约与叶片等长；叶片宽心形或近圆形，直径达40厘米以上，3~7掌状深裂，裂片全缘或有齿，或浅裂，基部略呈心形，有3~7条主脉，上面无毛或稀具小乳突；茎生叶较小，互生；叶鞘大，淡褐色，膜质。圆锥花序大形，分枝弯曲，开展；花小，数朵成簇，互生于枝上，幼时呈紫红色；花被6，2轮，内轮稍大，椭圆形。瘦果三角形，有翅，顶端微凹，基部略呈心形，棕色。花期6~7月，果期7~8月。

【分布】分布于四川、甘肃、青海、西藏等地。

【药用】秋末茎叶枯萎或次春发芽前采挖根和根茎

掌叶大黄

（大黄），除去细根，刮去外皮，切瓣或段，绳穿成串干燥或直接干燥。有泻下攻积、清热泻火、凉血解毒、逐瘀通经、利湿退黄的功效。主治实热积滞便秘、血热吐衄、目赤咽肿、痈肿疔疮、肠痈腹痛、瘀血经闭、产后瘀阻、跌打损伤、湿热痢疾、黄疸尿赤、淋证、水肿，外治烧烫伤。煎服，5~15克；入汤剂应后下，或用开水泡服。外用适量。

【毒性】全草有毒，根毒性更大，可引起腹泻。

唐古特大黄

【识别】多年生高大草本，高2米左右。茎无毛或有毛。根生叶略呈圆形或宽心形，直径40~70厘米，3~7掌状深裂，裂片狭长，常再作羽状浅裂，先端锐尖，基部心形；茎生叶较小，柄亦较短。圆锥花序大形，幼时多呈浓紫色，亦有绿白色者，分枝紧密，小枝挺直向上；花小，具较长花梗。瘦果三角形，有翅，顶端圆或微凹，基

唐古特大黄

部心形。花期6～7月。果期7～9月。

【分布】生于山地林缘较阴湿的地方。分布青海、甘肃、四川、西藏等地。

【药用】【毒性】同掌叶大黄。

蓖麻

【识别】一年生草本高2～3米，茎直立，无毛，绿色或稍紫色，具白粉。单叶互生，具长柄；叶片盾状圆形，掌状分裂至叶片的一半以下，7～9裂。边缘有不规则锯齿，主脉掌状。总状或圆锥花序顶生，下部生雄花，上部生雌花。蒴果球形，有刺，成熟时开裂。种子长圆形，光滑有斑纹。花期5～8月，果期7～10月。

【分布】全国大部分地区有栽培。

蓖麻

【药用】秋季采摘成熟果实，晒干，除去果壳，收集种子。有泻下通滞、消肿拔毒的功效。主治大便燥结、痈疽肿毒、喉痹、瘰疬。入丸剂，2～5克；生研或炒食。外用适量。

【毒性】全株有毒，种子毒性最大。

（4）其他形裂叶

乌头

【识别】多年生草本，高60 ~ 120厘米。块根通常2个连生，纺锤形至倒卵形。茎直立。叶互生，有柄；叶片卵圆形，3裂几达基部，两侧裂片再2裂，中央裂片菱状楔形，先端再3浅裂，裂片边缘有粗齿或缺刻。总状圆锥花序，萼片5，蓝紫色，上萼片盔形，侧萼片近圆形；花瓣2。蓇葖果长圆形。花期6 ~ 7月，果期7 ~ 8月。

【分布】分布于四川、云南、陕西、湖南等地。

【药用】6月下旬至8月上旬采挖母根（川乌），除去子根、须根及泥沙，晒干。有祛风除湿、温经止痛的功效。主治风寒湿痹、关节疼痛、心腹冷痛、寒疝作痛及麻醉止痛。煎服，1.5 ~ 3克；宜先煎、久煎。外用适量。孕妇忌用；内服一般应炮制用，生品内服宜慎；酒浸、酒煎服易致中毒，应慎用。

乌头

【毒性】全株有毒，块根毒性大。

草乌

【识别】多年生草本，高70～150厘米。块根常2～5块连生，倒圆锥形。茎直立，光滑。叶互生，有柄，3全裂，裂片菱形，再作深浅不等的羽状缺刻状分裂，最终裂片线状披针形或披针形。总状花序；花萼5，紫蓝色，上萼片盔形；花瓣2。蓇葖果。花期7～8月，果期8～9月。

【分布】分布于黑龙江、吉林、辽宁、内蒙古、河北、山西等地。

【药用】秋季茎叶枯萎时采挖根（草乌），除去须根和泥沙，干燥。有祛风除湿、温经止痛的功效。主治风寒湿痹、关节疼痛、心腹冷痛、寒疝作痛及麻醉止痛。一般炮制后用。生品内服宜慎；孕妇禁用。

【毒性】全草有毒，块根剧毒。

草乌

牛扁

【识别】多年生草本，茎高60～110厘米。基生叶1～5，与下部茎生叶具长柄；叶片圆肾形，3裂，中央裂片菱形，在中部3裂，2回裂片具狭卵形小裂片。总状花序，萼片黄色。蓇葖果3，长约8毫米。

【分布】分布于内蒙古、河北、山西、陕西、新疆东部。

【药用】春秋季挖根，除去残茎，洗净，晒干。有祛风止痛、止咳化痰、平喘的功效。主治风湿关节肿痛、腰腿痛、喘咳、瘰疬、疥癣。煎服，3～6克。外用适量，煎汁洗。孕妇禁服。

【毒性】全草有毒，根茎毒性最大。

牛扁

193

翠雀

【识别】多年生草本，高35～65厘米。茎具疏分枝。基生叶和茎下部叶具长柄；叶片圆五角形，3全裂，裂片细裂，小裂片条形。总状花序具3～15花，花左右对称；小苞片条形或钻形；萼片5，花瓣状，蓝色或紫蓝色。蓇葖果3个聚生。花期8～9月。果期9～10月。

【分布】分布于云南、山西、河北、宁夏、四川、甘肃、黑龙江、吉林、辽宁、新疆、西藏等地。

翠雀

【药用】7～8月采收全草或根，漂洗，切段，晒干。有毒。有抗菌除湿、杀虫治癣的功效。煎水含漱，捣汁浸洗；或研末水调涂擦。不可内服。

【毒性】全草有毒。

毛茛

【识别】多年生草本，高30～70厘米。茎直立，具分枝，中空。基生叶为单叶，叶柄长达15厘米，叶片轮廓圆心形或五角形，通常3深裂不达基部，中央裂片倒卵状楔形或宽卵形或菱形，3浅裂，边缘有粗齿或缺刻，侧裂片不等2裂；茎下部叶与基生叶相同，茎上部叶较小，3深裂，裂片披针形，有尖齿牙；最上部叶为宽线形，全缘，无柄。聚伞花序有多数花，疏散，花瓣5，倒卵状圆形，黄色，基部有爪。瘦果斜卵形。花、果期4～9月。

【分布】分布于全国各地。

【药用】7～8月采收全草及根，洗净，阴干。有退黄、定喘、截疟、镇痛、消翳的功效。主治黄疸、哮喘、疟疾、偏头痛、牙痛、鹤膝风、风湿关节痛、目生翳膜、瘰疬、痈疮肿毒。外用适量，捣敷患处或穴位，使局部发赤起泡时取去；或煎水洗。本品有毒，一般不作内服。皮肤有破损及过敏者禁用，孕妇慎用。

【毒性】全草有大毒。

毛茛

195

金莲花

【识别】多年生草本，高30～70厘米。茎直立，不分枝，疏生2～4叶。基生叶1～4，有长柄，叶片五角形，3全裂，中央全裂片菱形；茎生叶互生，叶形与基生叶相似，生于茎下部的叶具长柄，上部叶较小。花单朵顶生或2～3朵排列成稀疏的聚伞花序；花瓣（蜜叶）18～21，狭线形。蓇葖果，具脉网。花期6～7月，果期8～9月。

【分布】分布于吉林西部、辽宁、内蒙古东部、河北、山西和河南北部。

金莲花

【药用】夏季花盛开时采收花，晾干。有清热解毒、消肿、明目的功效。主治感冒发热、咽喉肿痛、口疮、牙龈肿痛、牙龈出血、目赤肿痛、疔疮肿毒、急性鼓膜炎、急性淋巴管炎。煎服，3～6克，或泡水当茶饮。外用适量，煎水含漱。

【食用】6～7月采摘鲜花，洗净，可以代茶饮用，也可以煮粥。

荷包牡丹

【识别】多年生草本，高30 ~ 60厘米。叶对生，具长柄，叶片二回三出全裂，一回裂片具长柄；二回裂片2或3裂，裂片卵形或楔形，全缘或具1 ~ 3裂。总状花序顶生或腋生，花生于一侧，弯垂；花梗长1.5厘米，基部具苞片2枚，钻形；花两侧对称；萼片2枚，披针形，蔷薇色，早落；花瓣4枚，外侧2枚蔷薇色，下部心形，囊状，上部变狭，向外反曲。蒴果细长。花期5月，果期5 ~ 6月。

【分布】东北及内蒙古、河北及西北各地有栽培。

【药用】夏季采挖根茎，洗净，晒干或鲜用。有祛风、活血、镇痛的功效。主治金疮、疮毒。

【毒性】全草有毒。

荷包牡丹

197

宝盖草

【识别】一年生草本，高10～50厘米。茎丛生，基部稍斜升，细弱，四棱形。叶对生，向上渐无柄，抱茎；叶片肾形或近圆形，边有极深圆齿或浅裂，两面均被细毛。轮伞花序，花冠紫红色或粉红色，上唇近直立，长圆形，稍盔状，下唇平展，有3裂片，中裂片倒心形，先端有深凹。小坚果长圆形，具3棱，褐黑色。花期3～5月，果期7～8月。

【分布】分布于东北、西北、华东、华中和西南等地。

宝盖草

【药用】夏季采收全草，晒干或鲜用。有活血通络、解毒消肿的功效。主治跌打损伤、筋骨疼痛、四肢麻木、半身不遂、黄疸、鼻渊、黄水疮。煎服10～15克。

【食用】3～4月采集幼苗和未开花嫩茎叶，洗净，沸水浸烫，用清水漂洗苦涩味，可凉拌、炒食、做汤。

独行菜

【识别】一年生草本，高10～30厘米。叶互生，茎下部叶狭长椭圆形，边缘浅裂或深裂；茎上部叶线形，较小。总状花序顶生，花小；花期5～6月。短角果卵状椭圆形，扁平，顶端微凹；果期6～7月。

【分布】生于田野、荒地、路旁。分布东北、河北、内蒙古、山东、山西、甘肃、青海、云南、四川等地。

【药用】夏季果实成熟时采割植株，晒干，搓出种子。种子有泻肺平喘、行水消肿的功效。主治痰涎壅肺、喘咳痰多、胸肋胀满不得平卧、胸腹水肿、小便不利。包煎，3～10克。

【食用及毒性】全株有毒，大剂量可引起心动过速，心室颤动等强心苷中毒症状。不建议食用，更不能大量、长期食用。有关文献记载的食用方法如下：春季开花前采集嫩茎叶，用沸水焯熟，再用清水浸洗，挤出汁液后凉拌、炒食。

独行菜

锦葵

【识别】多年生直立草本，高50～90厘米。叶圆心形或肾形，具5～7圆齿状钝裂片。花3～11朵簇生，花紫红色或白色，花瓣5，匙形，先端微缺。果扁圆形，分果爿9～11，肾形；种子黑褐色，肾形。花期5～10月。

锦葵

【分布】我国各地多有栽培。

【药用】有清热利湿、理气通便的功效。主治大便不畅、脐腹痛、瘰疬、带下病。

【食用】采集嫩茎叶，用沸水焯熟，再用清水浸洗，可凉拌、炒食。

200

一点红

【识别】一年生或多年生草本，高10～40厘米，茎直立或基部倾斜。叶互生，叶片稍肉质，生于茎下部的叶卵形，琴状分裂，边缘具钝齿，茎上部叶小，通常全缘或有细齿，上面深绿色，下面常为紫红色，基部耳状，抱茎。头状花序具长梗，花枝常2歧分枝；花冠紫红色。瘦果狭矩圆形，有棱，冠毛白色。花期7～11月；果期9～12月。

【分布】生于村旁、路边、田园和旷野草丛中。分布于陕西、江苏、浙江、江西、福建、湖北、湖南、广东、广西、四川、贵州及云南等地。

【药用】全年均可采全草，鲜用或晒干。味苦。有清热解毒、散瘀消肿的功效。主治上呼吸道感染、口腔溃疡、肺炎、乳腺炎、肠炎、尿路感染、疮疖痈肿、湿疹。煎服，9～18

一点红

克，鲜品15～30克；或捣汁含咽。外用适量，煎水洗或捣敷。

【食用】春季采集嫩茎叶，用沸水焯熟，再用清水浸洗，可炒食、做汤、凉拌。

苍耳

【识别】一年生草本，高20～90厘米。茎直立，下部圆柱形，上部有纵沟。叶互生；有长柄，叶片三角状卵形或心形，近全缘或有3～5不明显浅裂，基出三脉。头状花序，雄花序球形，雌花序卵形。瘦果倒卵形，包藏在有刺的总苞内。花期5～6月，果期6～8月。

【分布】分布于全国各地。

【药用】秋季果实成熟时采收成熟带总苞的果实（苍耳子），干燥，除去梗、叶等杂质。有散风寒、通鼻窍、祛风湿的功效。主治风寒头痛、鼻塞流涕、鼻衄、鼻渊、风疹瘙痒、湿痹拘挛。煎服，3～9克。

【毒性】全株有毒，果实及种子毒性最大。

苍耳

洋金花

【识别】一年草本，高30～100厘米。茎直立，圆柱形，上部呈叉状分枝。叶互生，上部叶近对生，叶片宽卵形、长卵形或心脏形，边缘具不规则短齿或全缘而波状。花单生于枝叉间或叶腋；花冠管漏斗状，下部直径渐小，向上扩呈喇叭，白色，具5棱，裂片5，三角形。蒴果圆球形或扁球状，外被疏短刺，熟时淡褐色，不规则4瓣裂。花期3～11月，果期4～11月。

【分布】分布于江苏、浙江、福建、湖北、广东、广西、四川、贵州、云南、上海、南京等地。

【药用】4～11月花初开时采收花（洋金花），晒干或低温干燥。有平喘止咳、解痉定痛的功效。主治哮喘咳嗽、脘腹冷痛、风湿痹痛、小儿慢惊、外科麻醉。内服，0.2～0.6克，宜入丸、散剂。外用适量，煎汤洗或研末外敷。

【毒性】全草有毒，果实、种子毒性最大，严重中毒可致死。

洋金花

小藜

【识别】一年生草本，高20～50厘米。茎直立，具条棱及绿色条纹。叶互生，叶片椭圆形或狭卵形，通常3浅裂，侧裂片位于中部以下，通常各具2浅裂齿；上部的叶片渐小，狭长。圆锥状花序；花被近球形，5片，浅绿色，边缘白色，花期4～5月。胞果全体包于花被内，果期5～7月。

【分布】野生于荒地或田间。我国除西藏外，其他地区均有分布。

【药用】3～4月采收全草，鲜用或晒干。有疏风清热、解毒去湿、杀虫的功效。主治风热感冒、腹泻、荨麻疹、疮疡肿毒、疥癣、湿疮、白癜风、虫咬伤。煎服，9～15克。外用适量，煎水洗或捣敷。

【食用】春季采集嫩茎叶，用沸水焯熟，再用清水浸洗，可凉拌、炒食、做馅或制干菜。

小藜

南苍术

【识别】多年生草本，高30～80厘米。叶互生，革质，茎下部的叶多为3裂，顶端1裂片较大，卵形，无柄而略抱茎；茎上部叶卵状披针形至椭圆形，无柄，叶缘均有刺状齿。头状花序顶生，总苞片6～8层，披针形；花冠管状，白色，有时稍带红紫色，先端5裂，裂片线形。瘦果长圆形。花期8～10月，果期9～10月。

【分布】多生于山坡较干燥处。分布江苏、浙江、安徽、江西、湖北、河北、山东等地。

【药用】春、秋季采挖根茎，晒干，撞去须根。味辛、苦。有燥湿健脾、祛风散寒、明目的功效。主治湿阻中焦、脘腹胀满、泄泻、水肿、风湿痹痛、风寒感冒、眼目昏涩。煎服，5～10克。

【食用】采摘嫩茎叶，用沸水焯熟，再用清水浸洗，可凉拌或炒食。

南苍术

205

猩猩草

【识别】一年生草本，高约1米。茎下部及中部的叶互生，花序下部的叶对生；叶形多变化，卵形、椭圆形、披针形或线形，呈琴状分裂或不裂，边缘有波状浅齿或尖齿或全缘；花序下部的叶通常基部或全部红色。杯状聚伞花序多数在茎及分枝顶端排成密集的伞房状；总苞钟状，绿色，先端5裂；腺体1～2杯状，无花瓣状附属物。蒴果卵圆状三棱形；种子卵形，灰褐色，表面有疣状突起。花果期8月。

【分布】我国各地有栽培。

【药用】四季均可采收全草（叶象花）。洗净，鲜用或晒干。有凉血调经、散瘀消肿的功效。主治月经过多、外伤肿痛、出血、骨折。煎服，3～9克。外用适量，鲜品捣敷。

【毒性】全株有毒。

猩猩草

博落回

【识别】多年生大型草本，基部灌木状，高1～4米。具乳黄色浆汁。茎绿色或红紫色，中空。单叶互生，叶片宽卵形或近圆形，上面绿色，无毛，下面具易落的细绒毛，多白粉，基出脉通常5，边缘波状或波状牙齿。大型圆锥花序多花，生于茎或分枝顶端；萼片狭倒卵状长圆形，船形，黄白色；花瓣无。果倒披针形，扁平，外被白粉。花期6～8月，果期7～10月。

【分布】分布于江苏、安徽、浙江、江西、福建、台湾、湖北、湖南、广东、海南、广西、四川、贵州、云南等地。

【药用】秋、冬季采收根或全草，根茎与茎叶分开，晒干。鲜用随时可采。有散瘀、祛风、解毒、止痛、杀虫的功效。主治疮痈疔肿、痔疮、湿疹、蛇虫咬伤、跌打肿痛、风湿关节痛、龋齿痛、顽癣、滴虫性阴道炎。外用适量，捣敷；或煎水熏洗。

【毒性】全草有毒。

博落回

老鹳草

【识别】草本，高30～80厘米。茎直立或下部稍蔓生。叶对生，叶片3深裂，中央裂片稍大，卵状菱形，上部有缺刻或粗牙齿。花单生叶腋，或2～3花成聚伞花序，花瓣5，淡红色或粉红色，具5条紫红色纵脉。蒴果喙较短。花期7～8月，果期8～10月。生于山地阔叶林林缘、灌丛、荒山草坡。

【分布】分布于东北、华北、华东、华中、陕西、甘肃和四川。

【药用】夏、秋季果实近成熟时采割地上部分，晒干。味辛、苦。有祛风湿、通经络、止泻痢的功效。主治风湿痹痛、麻木拘挛、筋骨酸痛、泄泻痢疾。煎服，9～15克。外用适量。

老鹳草

益母草

【识别】一年生直立草本，高60～100厘米。根生叶有长柄，叶片5～9浅裂，裂片具2～3钝齿；茎中部叶3全裂，裂片近披针形，中央裂片常再3裂，两侧裂片再1～2裂；最上部叶不分裂，线形，近无柄。轮伞花序腋生，花冠唇形，淡红色或紫红色，上唇与下唇几等长，上唇长圆形，全缘，边缘具纤毛，下唇3裂，中央裂片较大，倒心形。小坚果褐色，三棱形。花期6～9月，果期7～10月。

【分布】我国大部分地区有分布。

【药用】鲜品春季幼苗期至初夏花前期采割；干品夏季茎叶茂盛、花未开或初开时采割，晒干。味苦、辛。有活血调经、利尿消肿、清热解毒的功效。主治月经不调、痛经经闭、恶露不尽、水肿尿少、疮疡肿毒。煎服，10～30克。外用适量捣敷或煎汤外洗。

益母草

【食用及毒性】采集幼苗和未开花嫩茎叶，用沸水焯熟，再用清水浸洗，可凉拌、炒食。益母草种子有毒，勿食。

209

麻叶荨麻

【识别】多年生草本。茎高达150厘米，有棱，生螫毛和紧贴的微柔毛。叶对生，叶片轮廓五角形，3深裂或3全裂，1回裂片再羽状深裂，两面疏生短柔毛，下面疏生螫毛。雌雄同株或异株，同株者雄花序生于下方。花序长达12厘米，雄花序多分枝；雄花花被片4；雌花花被片4，深裂，花后增大，包着果实。瘦果卵形，灰褐色，光滑。花期7～8月，果期8～9月。

【分布】分布于东北、华北、西北等地。

【药用】夏、秋季采收全草（荨麻），切段，晒干。有祛风通络、平肝定惊、消积通便、解毒的功效。主治风湿痹痛、产后抽风、小儿惊风、小儿麻痹后遗症、高血压、消化不良、大便不通、荨麻疹、跌打损伤、虫蛇咬伤。煎服，5～10克。外用适量，捣汁擦或捣烂外敷；或煎水洗。

【毒性】螫毛有毒，被刺可引起剧痛。

麻叶荨麻

4. 复叶

（1）羽状复叶

【识别】多年生草本，高20～70厘米。基生叶为羽状复叶，小叶5～15对，上部小叶较长，向下渐变短，无柄；小叶边缘羽状中裂；茎生叶与基生叶相似，叶片对数较少，边缘通常呈齿牙状分裂。伞房状聚伞花序，花瓣5，宽倒卵形，先端微凹，黄色。瘦果卵球形。花、果期4～10月。

【分布】我国大部地区有分布。

【药用】春季未抽茎时采挖全草，除去泥沙，晒干。味苦。有清热解毒、凉血止痢的功效。主治赤痢腹痛、久痢不止、痔疮出血、痈肿疮毒。煎服，9～15克。外用鲜品适量，

委陵菜

211

煎水洗或捣烂敷患处。

【食用】春季采集未开花的幼苗，用沸水焯熟，再用清水反复浸洗去除苦味，挤出汁液后炒食、凉拌。

龙芽草

【识别】多年生草木，高30～120厘米。奇数羽状复叶互生，小叶有大小2种，相间生于叶轴上，小叶几无柄，倒卵形至倒卵状披针形，边缘有急尖到圆钝锯齿。总状花序生于茎顶，花瓣5，长圆形，黄色。瘦果倒卵圆锥形，外面有10条肋，先端有数层钩刺。花果期5～12月。

【分布】我国大部分地区有分布。

【药用】夏、秋二季茎叶茂盛时采割地上部分，干燥。

龙芽草

味苦、涩。有收敛止血、截疟、止痢、解毒、补虚的功效。主治咯血、吐血、崩漏下血、疟疾、血痢、痈肿疮毒、阴痒带下、脱力劳伤。煎服，6～12克。

【食用】春、夏季采摘嫩茎叶，用沸水焯熟，再用清水反复浸洗，挤去汁液后炒食。

地榆

【识别】多年生草本，高1～2米，茎直立，有棱。单数羽状复叶互生，茎生叶有半圆形环抱状托叶，托叶边缘具三角状齿；小叶5～19片，椭圆形至长卵圆形，边缘具尖圆锯齿。穗状花序顶生，花小，暗紫色，花被4裂，裂片椭圆形或广卵形。瘦果椭圆形或卵形，有4纵棱，呈狭翅状。花、果期6～9月。

【分布】我国大部地区有分布。

【药用】春季将发芽时或秋季植株枯萎后采挖根，除去须根，洗净，趁鲜切片，干燥。味苦、酸、涩。有凉血止血、解毒敛疮的功效。主治便血、痔血、血痢、崩漏、水火烫伤、痈肿疮毒。煎服，10～15克，大剂量可用至30克；外用适量。

【食用】采集幼苗或嫩叶，用沸水焯熟，再用清水反复浸洗去除苦味，挤出汁液，可炒食、凉拌或做馅。

地榆

接骨草

【识别】高大草本或半灌木，高达2米。茎有棱条，髓部白色。奇数羽状复叶对生，小叶5～9，小叶片披针形，边缘具细锯齿。大型复伞房花序顶生，具由不孕花变成的黄色杯状腺体；花冠辐状，花冠裂片卵形，反曲。浆果红色，近球形。花期4～5月，果期8～9月。

【分布】我国大部分地区有分布。

【药用】夏、秋季采收茎叶，鲜用或晒干。味甘、微苦。有祛风、利湿、舒筋、活血的功效。主治风湿痹痛、腰腿痛、水肿、黄疸、跌打损伤、风疹瘙痒、丹毒、疮肿。煎服，9～15克，鲜品60～120克。外用适量，捣敷或煎水洗。

【食用】未开花前采集幼芽、嫩叶，用沸水焯熟，再用清水漂洗，可凉拌、炒食、做汤。因易引起腹泻，不可多食。

接骨草

丹参

【识别】多年生草本，高30～100厘米。全株密被淡黄色柔毛及腺毛。叶对生，奇数羽状复叶，小叶通常5，顶端小叶最大，侧生小叶较小，小叶片卵圆形至宽宽卵圆形，边具圆锯齿，两面密被白色柔毛。轮伞花序组成顶生或腋生的总状花序，花冠二唇形，蓝紫色，上唇直立，呈镰刀状，先端微裂，下唇较上唇短，先端3裂，中央裂片较两侧裂片长且大。小坚果长圆形，熟时棕色或黑色。花期5～9月，果期8～10月。

【分布】分布于辽宁、河北、山西、陕西、宁夏、甘肃、山东、江苏、安徽、浙江、福建、江西、河南、湖北、湖南、四川、贵州等地。

【药用】春、秋季采挖根，干燥。味苦。有活血祛瘀、通经止痛、清心除烦、凉血消痈的功效。主治胸痹心痛、脘腹胁痛、癥瘕积聚、热痹疼痛、心烦不眠、月经不调、痛经经闭、疮疡肿痛。煎服，5～15克。

【食用】3～5月采摘嫩叶，用沸水焯熟，用清水反复浸洗，可凉拌、炒食、做馅。

丹参

含羞草

【识别】披散状草本，高可达1米。有散生、下弯的钩刺及倒生刚毛。叶对生，羽片通常4，指状排列于总叶柄之顶端；小叶10～20对，触之即闭合而下垂；小叶片线状长圆形。头状花序具长梗，单生或2～3个生于叶腋，直径约1厘米；花小，淡红色；花冠钟形，上部4裂，裂片三角形。荚果扁平弯曲，有3～4节，荚缘波状，具刺毛。花期3～4月，果期5～11月。

【分布】分布于西南及福建、台湾、广东、海南、广西等地。

含羞草

【药用】夏季采收全草，除去泥沙，洗净，鲜用，或扎成把，晒干。有凉血解毒、清热利湿、镇静安神的功效。主治感冒、支气管炎、肝炎、肠炎、结膜炎、泌尿系结石、水肿、劳伤咳血、鼻衄、血尿、神经衰弱、失眠、疮疡肿毒、带状疱疹、跌打损伤。煎服，15～30克，鲜品30～60克；外用适量，捣敷。

【毒性】全草有毒，其具有的含羞草碱可引起白内障和生长抑制。食用含羞草可引起毛发脱落，且不宜室内种植含羞草。

膜荚黄芪

【识别】多年生草本，高0.5 ~ 1.5米，茎直立，具分枝。单数羽状复叶互生，叶柄基部有披针形托叶；小叶13 ~ 31片，卵状披针形或椭圆形，全缘。夏季叶腋抽出总状花序，蝶形花冠淡黄色；花期6 ~ 7月。荚果膜质，卵状长圆形；果期7 ~ 9月。

【分布】分布于黑龙江、吉林、辽宁、河北、山西、内蒙古、陕西、甘肃、宁夏、青海、山东、四川和西藏等省区。

【药用】春、秋二季采挖根，除去须根和根头，晒干。味甘。有补气升阳、固表止汗、

膜荚黄芪

217

利水消肿、生津养血、行滞通痹、托毒排脓、敛疮生肌的功效。主治气虚乏力、食少便溏、中气下陷、久泻脱肛、便血崩漏、表虚自汗、气虚水肿、内热消渴、血虚萎黄、半身不遂、痹痛麻木、痈疽难溃、久溃不敛。煎服，9～30克。

【食用】4～5月采摘嫩叶，用开水焯熟，浸泡去苦味，可以凉拌、炒食或煮粥。

蒙古黄芪

蒙古黄芪

【识别】形似膜荚黄芪，惟其托叶呈三角状卵形，小叶较多，25～37片。花冠黄色。荚果无毛，有显著网纹。

【分布】分布于黑龙江、吉林、内蒙古、河北、山西和西藏等省区。

【药用】【食用】同膜荚黄芪。

多序岩黄芪

【识别】多年生草本，高达1.5厘米。主根粗长，圆柱形，外皮红棕色。叶互生，奇数羽状复叶，小叶7～25，小叶片长圆状卵形，先端近平截或微凹，基部宽楔形，全缘。总状花序腋生，长5～8厘米，有花20～25，花梗丝状；花萼斜钟形，蝶形花冠，淡黄色。荚果扁平，串球状，有3～5节，边缘具窄翅，表面有稀疏网纹及短柔毛。花期6～8月，果期7～9月。

【分布】分布于内蒙古、宁夏、甘肃及四川西部。

【药用】秋季采挖根（红芪），洗净，切去根头部及支根，晒干后打捆。有固表止汗、补气利尿、托毒敛疮的作用。主治气虚乏力、食少便溏、久泻脱肛、便血、崩漏、表虚自汗、气虚浮肿、血虚萎黄、痈疽难溃难敛。煎服，9～30克。

多序岩黄芪

甘草

【识别】多年生草本，高30～70厘米。茎直立，被白色短毛及腺鳞或腺状毛。单数羽状复叶，小叶4～8对，小叶片卵圆形、卵状椭圆形。总状花序腋生，花冠淡紫堇色，旗瓣大，长方椭圆形，龙骨瓣直。荚果线状长圆形，镰刀状或弯曲呈环状，密被褐色的刺状腺毛。花期6～7月。果期7～9月。

【分布】分布东北、西北、华北等地。

【药用】春，秋二季采挖根和根茎，除去须根，晒干。有补脾益气、清热解毒、祛痰止咳、缓急止痛、调和诸药的功效。主治脾胃虚弱、倦怠乏力、心悸气短、咳嗽痰多、脘腹及四肢挛急疼痛、痈肿疮毒，缓解药物毒性及烈性。煎服，1.5～9克。

【食用】甘草及其浸膏味甜，可作为食品、饮料的配料。

甘草

决明

【识别】一年生半灌木状草本，高0.5～2米。叶互生，羽状复叶，小叶3对，叶片倒卵形或倒卵状长圆形。花冠黄色，花瓣5，倒卵形；花期6～8月。荚果细长，近四棱形，种子多数，菱柱形或菱形略扁，淡褐色，光亮，两侧各有1条线形斜凹纹；果期8～10月。

【分布】分布于我国华东、中南、西南及吉林、辽宁、河北、山西等地。

【药用】秋季采收成熟果实，晒干，打下种子。有清热明目、润肠通便的功效。主治目赤涩痛、羞明多泪、头痛眩晕、目暗不明、大便秘结。煎服，10～15克；用于润肠通便，不宜久煎。

【食用】采摘未开花的幼叶，用沸水焯熟，再用清水浸洗，可炒食、凉拌、做汤。秋季可采摘幼嫩果，沸水焯熟，再用清水浸泡，可炒食、凉拌。种子和叶有毒，大量食用可致腹泻，故不可大量食用。

决明

望江南

【识别】灌木或半灌木，高1～2米。叶互生，偶数羽状复叶，小叶4～5对，叶片卵形至椭圆状披针形，全缘。伞房状总状花序顶生或腋生；花黄色，花瓣5，倒卵形，先端圆形，基部具短狭的爪。荚果扁平，线形，褐色。花期4～8月，果期6～10月。

【分布】分布于长江以南各地。

【药用】夏季植株生长旺盛时采收茎叶，阴干。鲜用者可随采新鲜茎叶供药用。有肃肺、清肝、利尿、通便、解毒消肿的功效。主治咳嗽气喘、头痛目赤、小便血淋、大便秘结、痈肿疮毒、蛇虫咬伤。煎服，6～9克，鲜品15～30克；或捣汁。外用适量，鲜叶捣敷。

【食用及毒性】花、荚果及根有毒，叶可煮食，但不可带花和荚果。

望江南

苦参

【识别】落叶半灌木，高1.5～3米。茎直立，多分枝，具纵沟。奇数羽状复叶，互生；小叶15～29，叶片披针形至线状披针形，全缘。总状花序顶生，花冠蝶形，淡黄白色。荚果线形，呈不明显的串珠状。种子近球形，黑色。花期5～7月，果期7～9月。

【分布】生于沙地或向阳山坡草丛中及溪沟边。分布于全国各地。

【药用】春、秋二季采挖根，除去根头和小支根，洗净，干燥，或趁鲜切片，干燥。有清热燥湿、杀虫、利尿的功效。主治热痢、便血、黄疸、尿闭、赤白带下、阴肿阴痒、湿疹、湿疮、皮肤瘙痒、疥癣麻风，外治滴虫性阴道炎。煎服，5～10克。外用适量。

【毒性】根和种子有毒。

苦参

223

苦豆子

【识别】直立草本。枝密被灰色绢状毛。叶互生，单数羽状复叶；小叶15～25，灰绿色，矩形，两面被绢毛。总状花序顶生，长12～15厘米；花密生；萼密被灰绢毛，顶端有短三角状萼齿；花冠蝶形，黄色。荚果串珠状，长3～7厘米，密被细绢状毛，种子淡黄色，卵形。

【分布】分布于宁夏、甘肃、内蒙古、新疆、西藏等地。

【药用】全草夏季采收，种子秋季采收。有清热燥湿、止痛、杀虫的功效。主治痢疾、胃痛、白带过多、湿疹、疮疖顽癣。炒黑研末服，每次5粒。外用适量，研末，煎水洗；或用其干馏油制成软膏搽。

【毒性】全草有毒，人服15粒以上种子即可出现中毒症状。

苦豆子

东北土当归

【识别】多年生草本，高约1米。叶互生；二至三回羽状复叶，有小叶3～7，叶片顶生者倒卵形或椭圆状倒卵形，侧生者长圆形、椭圆形至卵形，边缘有不整齐的锯齿。伞形花序集成大形圆锥花序；花瓣5，三角状卵形。花期7～8月，果期8～9月。

【分布】分布于东北、华北及陕西、河南、四川、西藏等地。

【药用】秋后挖根，或剥取根皮，鲜用或晒干。有祛风除湿、活血、解毒的功效。主治风寒湿痹、腰膝酸痛、头痛、齿痛、跌打伤痛、痈肿。煎服，3～10克；或泡酒。外用适量，煎水洗；或捣敷。

【毒性】全株有毒，根毒性较大。

东北土当归

箭头唐松草

【识别】直立草本，茎高54～100厘米。茎生叶为二回羽状复叶，小叶圆菱形、菱状宽卵形或倒卵形，三裂，裂片顶端钝或圆形，有圆齿。圆锥花序；萼片4，早落，狭椭圆形。瘦果狭椭圆球形或狭卵球形，有8条纵肋。7月开花。

【分布】分布于我国新疆、内蒙古等地区。

【药用】春末夏初采全草，洗净，晒干。有清热、利尿的功效。主治黄疸、腹水、小便不利；外用治眼结膜炎。煎汤服，0.3～1两；外用适量煎水洗眼。

【毒性】全草有毒，根毒性较大。

箭头唐松草

歪头菜

【识别】多年生草本，高可达1米。幼枝被淡黄色柔毛。羽状复叶，互生，小叶2枚，卵形至菱形，边缘粗糙；卷须不发达而变为针状。总状花序腋生，花冠紫色或紫红色。荚果狭矩形，两侧扁。花期6～8月。果期9月。

【分布】生于草地、山沟、林缘或向阳的灌丛中。我国大部分地区有分布。

【药用】秋季采收根或嫩叶。味甘。有补虚的功效。根泡酒可治痨伤，嫩叶蒸鸡蛋吃可治头晕。

【食用】4～6月采集幼嫩茎叶，用沸水焯熟，再用清水浸泡，可凉拌、炒食、做汤、蒸食或制干菜。

歪头菜

（2）三复叶

淫羊藿

【识别】多年生草本，高30～40厘米。茎直立，有棱。茎生叶2，生于茎顶；有长柄；二回三出复叶，小叶9，宽卵形或近圆形，边缘有刺齿；顶生小叶基部裂片圆形，均等，两侧小叶基部裂片不对称，内侧圆形，外侧急尖。圆锥花序顶生，花白色，花瓣4，近圆形，具长距。蓇葖果纺锤形，成熟时2裂。花期4～5月，果期5～6月。

【分布】分布于东北、山东、江苏、江西、湖南、广西、四川、贵州、陕西、甘肃。

淫羊藿

【药用】夏、秋季茎叶茂盛时采收叶，晒干或阴干。有补肾阳、强筋骨、祛风湿的功效。主治肾阳虚衰、阳痿遗精、筋骨痿软、风湿痹痛、麻木拘挛。煎服，3～15克。

【食用】春季采摘嫩叶，热水焯熟，换水淘净，去除异味，加油盐凉拌，也可炒食、做汤。

箭叶淫羊藿

【植物形态】多年生草本，高30～50厘米。根茎匍行呈结节状。根出叶1～3枚，3出复叶，小叶卵圆形至卵状披针形，先端尖或渐尖，边缘有细刺毛，基部心形，侧生小叶基部不对称，外侧裂片形斜而较大，三角形，内侧裂片较小而近于圆形；茎生叶常对生于顶端，形与根出叶相似，基部呈歪箭状心形，外侧裂片特大而先端渐尖。花多数，聚成总状或下部分枝而成圆锥花序，花小，花瓣有短距或近于无距。花期2～3月。果期4～5月。

【分布】分布浙江、安徽、江西、湖北、四川、台湾、福建、广东、广西等地。

【药用】

【食用】同淫羊藿。

箭叶淫羊藿

三叶委陵菜

【识别】多年生草本，高约30厘米。3出复叶；基生叶的小叶椭圆形、矩圆形，边缘有钝锯齿，连叶柄长4～30厘米；茎生叶小叶片较小。总状聚伞花序顶生，花黄色，花瓣5，倒卵形，顶端微凹；花期4～5月。

【分布】分布四川、湖南、河北、江苏、浙江、福建等地。

【药用】夏季采收开花的全草，晒干。味苦。有清热解毒、散瘀止血的功效。主治口腔炎、跌打损伤。煎服，15～30克。外用捣敷、煎水洗或研末撒。

【食用】春季采摘未开花的嫩茎叶，用沸水焯熟，再用清水反复浸洗去苦味，挤出汁液后炒食、凉拌。

三叶委陵菜

白车轴草

【识别】多年生草本，高15～20厘米。三出复叶，具长柄；小叶倒卵形至倒心形，边缘具细齿。花序头状，总花梗长；花冠白色或淡红色。荚果线形；种子3～4颗，细小，黄褐色。花、果期5～10月。

【分布】分布于我国东北、华北、江苏、贵州、云南。

【药用】夏、秋季花盛期采收全草，晒干。味微甘。有清热、凉血、宁心的功效。主治癫病、痔疮出血、硬结肿块。煎服，15～30克。外用适量，捣敷。

【食用】采摘未开花嫩茎叶，用沸水焯熟，再用清水浸泡，可凉拌、炒食、做汤。

白车轴草

酢酱草

【识别】多年生草本，茎细弱，匍匐或斜生。掌状复叶互生，小叶3片，倒心形，先端凹。花单生或数朵组成腋生伞形花序，花瓣5，黄色，倒卵形；花期5～8月。蒴果近圆柱形，具5棱；种子深褐色，近卵形而扁，有纵槽纹；果期6～9月。

【分布】分布于全国大部分地区。

【药用】夏、秋季采收全草，鲜用或干用。有清热利湿、凉血散瘀、消肿解毒的功效。主治痢疾、淋病、赤白带下、麻疹、衄血、咽喉肿痛、疔疮、疥癣、汤火伤。煎汤，9～15克，鲜品30～60克；外用适量，煎水洗、捣烂敷。

酢酱草

【食用及毒性】春、夏季采集嫩茎叶，用沸水焯熟，再用清水浸泡，可凉拌、炒食、做汤。有文献记载全草有毒，不建议食用，更不可大量、长期食用。

红花酢酱草

【识别】多年生常绿草本。掌状复叶，小叶3枚，阔倒卵形，先端凹入，全缘。伞房花序，花瓣5，淡紫红色。蒴果短线形，有毛，熟时裂开；种子细小，椭圆形，棕褐色。花期5月。果期6～7月。

【分布】我国南北各地均有栽培。

【药用】3～6月采收全草，洗净鲜用或晒干。有散瘀消肿、清热利湿、解毒的功效。主治跌打损伤、月经不

红花酢酱草

调、咽喉肿痛、水泻、水肿、痔疮、疮疖、烧烫伤。味酸。煎汤，15～30克；外用适量，捣烂敷。孕妇禁服。

【食用及毒性】春、夏季采集嫩叶，用沸水焯熟，再用清水浸泡，可凉拌、炒食、做汤。有文献记载全草有毒，不建议食用，更不可大量、长期食用。

鸭儿芹

【识别】多年生直立草本，高30～100厘米。茎光滑，具叉状分枝。基生叶及茎下部叶有长叶柄，通常为3小叶，小叶片边缘均有不规则的尖锐重锯齿；最上部的叶近无柄；小叶片卵状披针形至窄披针形，边缘有锯齿。复伞形花序呈疏松的圆锥状；花瓣白色，倒卵形。分生果线状长圆形。花期4～5月，果期6～10月。

鸭儿芹

【分布】分布于河北、山西、陕西、甘肃、安徽、江苏、浙江、福建、江西、广东、广西、湖北、湖南、四川、贵州、云南等地。

【药用】夏、秋间割取茎叶，鲜用或晒干。

味辛、苦。有祛风止咳、利湿解毒、化瘀止痛的功效。主治感冒咳嗽、肺痈、淋痛、疝气、月经不调、风火牙痛、目赤翳障、痈疽疮肿、皮肤瘙痒、跌打肿痛、蛇虫咬伤。煎服，15～30克。外用适量。

【食用】未开花前采集嫩茎叶，用沸水焯熟，再用清水浸洗，可凉拌、炒食或做汤。

猪屎豆

【识别】直立草本。叶互生，三出复叶，小叶片倒卵状长圆形或窄椭圆形。总状花序顶生及腋生，有花20～50朵；萼筒杯状，先端5裂，裂片三角形。蝶形花冠，黄色，旗瓣嵌以紫色条纹。荚果长圆形，下垂，果瓣开裂时扭转。花、果期6～10月。

猪屎豆

【分布】分布于山东、浙江、福建、台湾、湖南、广东、广西、四川、云南等地。

【药用】秋季采

收全草，打去荚果及种子，晒干或鲜用。有清热利湿、解毒散结的功效。主治湿热腹泻、小便淋沥、小儿疳积、乳腺炎。煎服，6～12克。外用适量，捣敷。

【毒性】种子和幼嫩枝叶含大量生物碱，对肝脏有毒性。

草木樨

【识别】二年生或一年生草本。茎直立，多分枝，高50～120厘米。羽状三出复叶，小叶椭圆形或倒披针形，叶缘有疏齿。总状花序腋生或顶生，长而纤细，花小，花萼钟状，具5齿，花冠蝶形，黄色，旗瓣长于翼瓣。荚果卵形或近球形，成熟时近黑色，具网纹，含种子1粒。

【分布】分布于内蒙古、黑龙江、吉林、辽宁、河北、河南、山东、山西、陕西、甘肃、青海、西藏、江苏、安徽、江西、浙江、四川和云南等省区。

草木樨

【药用】夏秋采收全草，洗净，切碎晒干。有芳香化浊、截疟的功效。主治暑湿胸闷、口臭、头胀、头痛、疟疾、痢疾。煎服，15～30克。

【毒性】全草有毒。

苜蓿

【识别】多年生草本，茎高30～100厘米，直立或匍匐。3出复叶，小叶片倒卵状长圆形，仅上部尖端有锯齿，叶柄长而平滑，托叶大。花梗由叶腋抽出，花有短柄；8～25朵形成簇状的总状花序；花冠紫色；花期5～6月。荚果螺旋形，2～3绕不等，黑褐色，不开裂；种子肾形，黄褐色，很小。

【分布】生于旷野和田间。我国大部分地区有分布。

【药用】夏季采挖根，鲜用或晒干。有清热利湿、通淋排石的功效。主治热病烦满、黄疸、尿路结石。煎服，15～30克，或捣汁。

【食用】采摘未开花嫩茎叶，用沸水焯熟，再用清水浸泡，可凉拌、炒食或腌制。

苜蓿

唐松草

【识别】多年生草本，高60～150厘米。茎直立，有分枝。叶互生，茎生叶为三至四回三出复叶，顶生小叶倒卵形或近圆形，3浅裂，裂片全缘或有1～2牙齿。单歧聚伞花序伞房状，分枝多，有多数密集的花；花两性，萼片4，花瓣状，宽椭圆形，白色或淡紫色。瘦果倒卵形，有3条宽纵翅，基部变狭。花期6～8月，果期7～9月。

【分布】分布于东北、华北及山东、浙江。

【药用】秋季挖根茎及根，除去地上茎叶，洗去泥土，晒干。有清热泻火、燥湿解毒的功效。主治热病心烦、湿热泻痢、肺热咳嗽、目赤肿痛、痈肿疮疖。煎服，5～10克；或制成糖浆。外用适量，研末调敷。

【毒性】全草有毒。

唐松草

238

兴安升麻

【识别】多年生草本，高达1米余。茎直立，单一。2回3出复叶，小叶片卵形至卵圆形，中央小叶片再3深裂或浅裂，边缘有深锯齿。圆锥状复总状花序，萼片花瓣状，白色，宽椭圆形或宽倒卵形。蓇葖果5，种子多数。花期7～8月，果期9月。

【分布】分布于黑龙江、吉林、辽宁、河北、湖北、四川、山西、内蒙古等地。

【药用】秋季采挖根茎（升麻），除去泥沙，晒至须根干时，燎去或除去须根，晒干。有发表透疹、清热解毒、升举阳气的功效。主治风热头痛、齿痛、口疮、咽喉肿痛、麻疹不透、阳毒发斑、脱肛、子宫脱垂。煎服，3～9克。

【毒性】全株有毒。

兴安升麻

白头翁

【识别】多年生草本，高15～35厘米，全株密被白色长柔毛。叶基生，3出复叶，小叶再分裂，裂片倒卵形，先端有1～3个不规则浅裂。花单一，顶生；花茎根出；花被6，排列为内外2轮，紫色，瓣状，卵状长圆形或圆形，外被白色柔毛。瘦果密集成头状，花柱宿存，长羽毛状。花期3～5月，果期5～6月。

【分布】分布于东北、华北及陕西、甘肃、山东、江苏、安徽、河南、湖北、四川。

【药用】春、秋二季采挖根，除去泥沙，干燥。有清热解毒、凉血止痢的功效。主治热毒血痢、阴痒带下。煎服，9～15克，鲜品15～30克。外用适量。

【毒性】全株有毒。

白头翁

240

大火草

【识别】多年生草本，高40～150厘米，全株被白色茸毛。3出复叶；基生叶具长柄，中央小叶卵圆形或为不规则卵圆形，2裂，各裂片又具浅裂，边缘有锯齿；两侧小叶较小，基部斜；茎生叶每节2～3，对生或轮生，似基生叶。花梗细长，被白色茸毛；花被片5，倒卵形，先端圆、凹或凸，白色或带粉红色。瘦果长约3毫米，密生长绵毛。花期7～10月。

【分布】分布于山西、河北、陕西、河南、甘肃、四川、云南等地。

【药用】春季或秋季挖取根，去净茎叶，晒干。有化痰、散瘀、消食化积、截疟、解毒、杀虫的功效。主治劳伤咳喘、跌打损伤、小儿疳积、疟疾、疮疖痈疽、顽癣。煎汤服，3～9克；外用适量，捣敷。

【毒性】全草有毒，根毒性最大。

大火草

芍药

【识别】多年生草本，高40～70厘米。茎直立，上部分枝。叶互生，茎下部叶为二回三出复叶，上部叶为三出复叶；小叶狭卵形、椭圆形或披针形，边缘具白色软骨质细齿。花数朵生茎顶和叶腋，花瓣9～13，倒卵形，白色，栽培品花瓣各色并具重瓣。蓇葖果卵形或卵圆形。花期5～6月，果期6～8月。

【分布】全国大部分地区有分布。

【药用】夏、秋二季采挖根，洗净，除去头尾和细根，置沸水中煮后除去外皮或去皮后再煮，晒干。有养血调经、敛阴止汗、柔肝止痛、平抑肝阳的功效。主治血虚萎黄、月经不调、自汗、盗汗、胁痛、腹痛、四肢挛痛、头痛眩晕。煎服，5～15克；大剂量15～30克。

【食用】采集鲜花阴干，可做花茶、花粥、花饼。

芍药

耧斗菜

【识别】多年生直立草本，高15～50厘米。基生叶二回三出复叶，中央小叶楔状倒卵形，宽与长几相等或更宽，上部3裂，裂片具2～3圆齿，侧生小叶与中央小叶相近；茎生叶数枚，一至二回三出复叶，上部叶较小。单歧聚伞花序，3～7朵花，微下垂；苞片3全裂；花两性，萼片5，花瓣状，黄绿色，长椭圆状卵形。蓇葖果长1.5厘米，种子狭倒卵形，黑色，具微凸起的纵棱。花期5～7月，果期6～8月。

【分布】分布于东北、华北及陕西、宁夏、甘肃、青海等地。

【药用】6～7月采收带根全草，晒干。有活血调经、凉血止血、清热解毒的功效。主治痛经、崩漏、痢疾。煎汤服，3～6克。

【毒性】全草及种子毒性最大，开花期毒性最大。

耧斗菜

（二）无茎生叶或茎生叶不明显

1. 卵圆形单叶

紫花地丁

【识别】多年生草本，无地上茎，高4～14厘米。根状茎短，垂直，有数条淡褐色或近白色的细根。叶多数，基生，莲座状；叶片下部者通常较小，呈三角状卵形或狭卵形，上部者较长，呈长圆形、狭卵状披针形或长圆状卵形。花紫堇色或淡紫色，喉部色较淡并带有紫色条纹，花瓣倒卵形或长圆状倒卵形。蒴果长圆形，种子卵球形，淡黄色。花果期4～9月。

紫花地丁

【分布】生于田间、荒地、山坡草丛、林缘或灌丛中。分布于全国大部分地区。

【药用】春、秋季采收全草，晒干。有清热解毒、凉血消肿的功效。主治疔疮肿毒、痈疽发背、丹毒、毒蛇咬伤。煎服，15～30克。外用鲜品适量，捣烂敷患处。

【食用】采集未开花嫩苗，用沸水焯熟，再用清水漂洗，可凉拌、炒食。

剪刀股

【识别】多年生草本，高10～30厘米。全株无毛，具匍茎。基生叶莲座状，叶基部下延成叶柄，叶片匙状倒披针形至倒卵形，全缘或具疏锯齿或下部羽状分裂；花茎

剪刀股

上的叶仅1～2枚，全缘，无叶柄。头状花序1～6，舌状花黄色。瘦果成熟后红棕色，冠毛白色。花期4～5月。

【分布】分布于东北、华东及中南。

【药用】春季采收全草，洗净，鲜用或晒干。有清热解毒、利尿消肿的功效。主治肺脓疡、咽痛、目赤、乳腺炎、痈疽疮疡、水肿、小便不利。煎汤服，10～15克。外用适量，捣敷。

【食用】春季采集嫩叶，用沸水焯熟，再用清水浸洗去苦味，可凉拌、炒食。

车前

车前

【识别】多年生草本，具须根。叶根生，具长柄；叶片卵形或椭圆形，全缘或呈不规则波状浅齿，通常有5～7条弧形脉。花茎数个，高12～50厘米；穗状花序，花淡绿色，花冠小。蒴果卵状圆锥形。花期6～9月。果期7～10月。

【分布】分布全国各地。

【药用】夏、秋季种子成熟时采收果穗，晒干，搓出种子，除去杂质。味甘。种子有清热利尿通淋、渗湿止泻、明目、祛痰的功效。主治热淋涩痛、水肿胀满、暑湿泄泻、目赤肿痛、痰热咳嗽。煎服，9～15克。

【食用】未开花前采集幼苗，去根洗净，用沸水焯熟，再用清水浸洗，可凉拌、炒食、做馅、做汤、蘸酱食。

平车前

【识别】与车前相似，主要区别为植株具圆柱形直根。叶片椭圆形、椭圆状披针形或卵状披针形，基部狭窄。

【分布】【药用】【食用】同车前。

平车前

长叶车前

【识别】多年生草本。直根粗长，根茎粗短。叶基生呈莲座状，叶片纸质，线状披针形、披针形或椭圆状披针形，边缘全缘或具极疏的小齿，基部狭楔形，下延。穗状花序多个，花序梗直立或弓曲上升，有明显的纵沟槽；花序幼时通常呈圆锥状卵形，成长后变短圆柱状或头状。花冠白色，裂片披针形或卵状披针形。蒴果狭卵球形。花期5～6月，果期6～7月。

【分布】分布于辽宁（大连）、甘肃、新疆、山东（青岛、烟台）；江苏、浙江、江西、云南等地有栽培。

【药用】种子入药。具有清热、明目、利尿、止泻、降血压、镇咳、祛痰等功效。

【应用】作为家禽或猪的饲料。

长叶车前

地黄

【识别】多年生草本，高10～40厘米。全株被灰白色长柔毛及腺毛。茎直立。基生叶成丛，叶片倒卵状披针形，叶面多皱，边缘有不整齐锯齿；茎生叶较小。花茎直立，总状花序；花冠筒状，紫红色或淡紫红色，有明显紫纹，先端5浅裂，略呈二唇形。蒴果卵形或长卵形。花期4～5月，果期5～6月。

【分布】分布于河南、河北、内蒙古及东北。

【药用】秋季采挖块根，除去芦头、须根及泥沙，鲜用；或将地黄缓缓烘焙至约八成干。前者习称"鲜地黄"，后者习称"生地黄"。鲜地黄有清热生津、凉血、止血的功效，主治热病伤阴、舌绛烦渴、温毒发斑、吐血、衄血、咽喉肿痛。生地黄有清热凉血、养阴生津的功效，主治热入营血、温毒发斑、吐血、衄血、热病伤阴、舌绛烦渴、津伤便秘、阴虚发热、内热消渴。煎服，10～15克。鲜品用量加倍，或以鲜品捣汁入药。

【食用】秋季挖掘块茎，为鲜地黄；根烘至八成干，为生地黄，生地黄加黄酒蒸至黑润为熟地黄，可用来炖猪蹄或煲汤。

地黄

华北大黄

【识别】直立草本，高50～90厘米。基生叶较大，叶片心状卵形到宽卵形，边缘具皱波；叶柄半圆柱状，常暗紫红色；茎生叶较小，叶片三角状卵形。大型圆锥花序，具2次以上分枝；花黄白色，3～6朵簇生。果实宽椭圆形到矩圆状椭圆形，两端微凹，翅宽1.5～2毫米，纵脉在翅的中间部分。花期6月，果期6～7月。

【分布】分布于山西、河北、内蒙古南部及河南北部。

【药用】春秋采挖根部，除去茎叶，洗净切片晒干。有泻热通便、行瘀破滞的功效。主治大便热秘、经闭腹痛、湿热黄疸；外用治口疮糜烂、烫火伤。煎服，10～20克。

【食用】春末或夏初采摘嫩苗、嫩叶，用沸水焯熟，可炒食或做汤。

华北大黄

犁头尖

【识别】多年生草本。幼株叶1～2，叶片深心形、卵状心形至戟形；多年生植株叶4～8枚，叶柄长20～24厘米，基部鞘状，淡绿色，上部圆柱形，绿色；叶片戟状三角形，绿色。花序柄从叶腋抽出，长9～11厘米，淡绿色，圆柱形，直立；佛焰苞管部绿色，卵形，檐部绿紫色，卷成长角状；肉穗花序无柄；附属器具强烈的粪臭，鼠尾状。浆果卵圆形。种子球形。花期5～7月。

【分布】分布于西南及浙江、江西、福建、广东、海南、广西等地。

【药用】秋季采挖块茎及全草，洗净，鲜用或晒干。有解毒消肿、散瘀止血的功效。主治痈疽疔疮、无名肿毒、瘰疬、血管瘤、毒蛇咬伤、蜂螫伤、跌打损伤、外伤出血。外用适量，捣敷或磨涂。本品有毒，一般外用，不作内服。

【毒性】全株有毒，根茎毒性最大。

犁头尖

独角莲

【识别】多年生草本。地下块茎卵形至卵状椭圆形。叶块茎生；叶柄肥大肉质，下部常呈淡粉红色或紫色条斑；叶片三角状卵形、戟状箭形或卵状宽椭圆形，初发时向内卷曲如角状，后即开展，先端渐尖。花梗自块茎抽出，佛焰苞紫红色，管部圆筒形或长圆状卵形，顶端渐尖而弯曲，檐部卵形；肉穗花序位于佛焰苞内，附属器圆柱形，紫色，不伸出佛焰苞外。浆果熟时红色。花期6～8月，果期7～10月。

【分布】分布于河北、河南、山东、山西、陕西、甘肃、江西、福建等地。

独角莲

【药用】秋季采挖块茎（白附子），除去残茎、须根外皮。有祛风痰、定惊搐、解毒散结、止痛的功效。主治中风痰壅、口眼歪斜、惊风癫痫、痰厥头痛、偏正头痛、毒蛇咬伤。煎服，3～5克，宜炮制后用。外用生品适量，捣烂，熬膏或研末以酒调敷患处。

【毒性】全株有毒。

杜衡

【识别】多年生草本。叶柄长3～15厘米，叶片阔心形至肾状心形，长和宽各为3～8厘米，先端钝或圆，基部心形，上面深绿色，中脉两旁有白色云斑，脉上及其近

杜衡

缘有短毛，下面浅绿色。花暗紫色，花被管钟状或圆筒状，喉都不缢缩，内壁具明显格状网眼，花被裂片直立，卵形，平滑，无乳突皱褶。花期4～5月。

【分布】生于林下或沟边阴湿地。分布于江苏、安徽、浙江、江西、河南、湖北、四川等地。

【药用】4～6月间采挖根茎及根或全草，洗净，晒干。有疏风散寒、消痰利水、活血止痛的功效。主治风寒感冒、痰饮喘咳、水肿、风寒湿痹、跌打损伤、头痛、齿痛、胃痛、肿毒、蛇咬伤。煎服，1.5～6克；或浸酒，外用适量，研末吹鼻，或鲜品捣敷。

【毒性】全草有毒。

细辛

【识别】多年生草本。根茎直立或横走。叶通常2枚，叶片心形或卵状心形，先端渐尖或急尖，基部深心形，上面疏生短毛，脉上较密，下面仅脉上被毛。花紫黑色，花被管钟状。蒴果近球状。花期4～5月。

【分布】生于海拔1200～2100米林下阴湿腐殖土中。分布于陕西、山东、安徽、浙江、江西、河南、湖北、四川等地。

【药用】夏季果熟期或初秋采挖根和根茎，除净地上部分和泥沙，阴干。有祛风散寒、祛风止痛、通窍、温肺化饮的功效。主治风寒感冒、头痛、牙痛、鼻塞流涕、鼻衄、鼻渊、风湿痹痛、痰饮喘咳。煎服，1～3克；散剂

细辛

每次服0.5 ~ 1克。

【毒性】全株有毒。

铃兰

【识别】多年生草本，高达30厘米。叶2枚；叶柄长约16厘米，呈鞘状互相抱着，基部有数枚鞘状的膜质鳞片。叶片椭圆形。花葶高15 ~ 30厘米，稍外弯；总状花序偏向一侧；苞片披针形，膜质，短于花梗；花乳白色，阔钟形，下垂，花被先端6裂，裂片卵状三角形。浆果球形，熟后红色。种子椭圆形，扁平。花期5 ~ 6月，果期6 ~ 7月。

铃兰

【分布】生于潮湿处或沟边。分布于东北、华北及陕西、甘肃、宁夏、山东、江苏、浙江、河南、湖南等地。

【药用】7～9月采挖全草或根，去净泥土，晒干。有温阳利水、活血祛风的功效。主治充血性心力衰竭、风湿性心脏病、阵发性心动过速、浮肿。煎服，3～6克；外用适量，煎水。

【毒性】全草有毒，花、根毒性最大。

万年青

【识别】多年生常绿草本。叶基生；叶片3～6枚，长圆形、披针形或倒披针形，长15～30厘米，宽2.5～7厘米，先端急尖，基部稍狭，绿色，厚纸质，纵脉明显突出；鞘叶披针形，长5～12厘米。花葶短于叶，长2.5～4厘米；穗状花序具几十朵密集的花；苞片卵形，

万年青

膜质；花被合生，球状钟形，裂片6，不十分明显，内向，厚肉质，淡黄色或褐色。浆果直径约8毫米，熟时红色。花期5～6月，果期9～11月。

【分布】分布于山东、江苏、浙江、江西、湖北、湖南、广西、四川、贵州等地，各地常有盆栽。

【药用】全年均可采，挖取根及根茎，洗净，去须根，鲜用或切片晒干。有清热解毒、强心利尿、凉血止血的功效。主治咽喉肿痛、白喉、疮疡肿毒、蛇虫咬伤、心力衰竭、水肿臌胀、咯血、吐血、崩漏。煎服，3～9克；鲜品可用至30克。外用适量，鲜品捣敷或煎水熏洗。

【毒性】全株有毒，中毒症状为恶心、呕吐、头痛、头晕、腹痛、腹泻、四肢麻木、肢端发冷，严重时出现心律失常、心脏传导阻滞、谵妄、昏迷，甚至死亡。

2. 条形叶

萱草

【识别】叶基生，排成两列；叶片条形。花葶粗壮，高60～80厘米；蝎尾状聚伞花序复组成圆锥状，具花6～12朵或更多；苞片卵状披针形；花橘红色至橘黄色，无香味，具短花梗；花被下部合生成花被管；外轮花被裂片3，长圆状披针形，内轮裂片3，长圆形，具分枝的脉，中部具褐红色的色带，边缘波状皱褶，盛开的裂片反曲。蒴果长圆形。花、果期为5～7月。

萱草

【药用】夏、秋采挖根，除去残茎、须根，洗净，晒干。味甘，有毒。有清热利湿、凉血止血、解毒消肿的功效。主治黄疸、水肿、淋浊、带下、衄血、便血、崩漏、乳痈、乳汁不通。煎服，6～9克。外用适量，捣敷。

【毒性】鲜萱草花含有秋水仙碱素，可引起喉干、恶心、呕吐或腹胀、腹泻、尿血、血便。不建议食用。

黄花菜

【识别】多年生草本，叶基生，排成两列；叶片条形。花葶长短不一，有分枝；蝎尾状聚伞花序复组成圆锥形，多花；花序下部的苞片披针形，自下向上渐短；花柠檬黄色，具淡的清香味，花被裂片6，具平行脉，外轮倒披针形，内轮长圆形。蒴果钝三棱状椭圆形，种子约20颗，黑色，有棱。花、果期5～9月。

【分布】生于山坡、山谷、荒地或林缘。分布于河北、陕西、甘肃、山东、河南、湖北、湖南、四川等地。

【药用及食用】5～8月花将要开放时采收花蕾（金针菜），蒸后晒干。味甘。有清热利湿、宽胸解郁、凉血解毒的功效。主治小便短赤、黄疸、胸闷心烦、少寐、痔疮便血、疮痈。煎服，15～30克；或煮汤，炒菜。

黄花菜

259

鸢尾

【识别】多年生草本。叶基生，中部略宽，宽剑形，顶端渐尖或短渐尖，基部鞘状，有数条不明显的纵脉。花茎光滑，高20～40厘米，顶部常有1～2个短侧枝，中、下部有1～2枚茎生叶；花蓝紫色，花被管细长，上端膨大成喇叭形，外花被裂片圆形或宽卵形，中脉上有不规则的鸡冠状附属物，内花被裂片椭圆形，花盛开时向外平展，爪部突然变细。蒴果长椭圆形或倒卵形；种子黑褐色，梨形。花期4～5月，果期6～8月。

鸢尾

【分布】分布于西南及山西、陕西、甘肃、江苏、安徽、浙江、江西、福建、湖北、湖南、广西等地。

【药用】全年均可采挖根茎（川射干），除去须根及泥沙，干燥。有清热解毒、祛痰、利咽的功效。主治热毒痰火郁结、咽喉肿痛、痰涎壅盛、咳嗽气喘。煎服，6～10克。

【毒性】全草有毒，根及种子毒性最大。

射干

【识别】多年生草本。茎直立，高50～150厘米。叶互生，扁平，宽剑形，排成2列，全缘，叶脉平行。聚伞花序伞房状顶生，2叉状分枝。花被片6，2轮，外轮花被裂片倒卵形或长椭圆形，内轮3片略小，倒卵形或长椭圆形，橘黄色，有暗红色斑点。蒴果椭圆形，具3棱，成熟时3瓣裂。种子黑色，近球形。花期7～9月，果期8～10月。

【分布】常见栽培。分布于全国各地。

【药用】春初刚发芽或秋末茎叶枯萎时采挖根茎，除去须根和泥沙，干燥。有清热解毒、消痰、利咽的功效。主治热毒痰火郁结、咽喉肿痛、痰涎壅盛、咳嗽气喘。煎服，3～9克。

【毒性】全草有小毒。

射干

马蔺

【识别】多年生草本，高40～60厘米。叶簇生，叶片条形，先端渐尖，全缘，基部套褶；无中脉，具多数平行脉。花茎先端具苞片2～3片，内有2～4花；花浅蓝色、蓝色、蓝紫色，花被裂片6，2轮排列，花被上有较深色的条纹。蒴果长圆柱状，有明显的6条纵棱。种子为不规则的多面体，黑褐色。花期5～7月，果期6～9月。

【分布】分布于东北、华北、西北及山东、江苏、安徽、浙江、河南、湖北、湖南、四川、西藏等地。

【药用】8～9月果熟时采收，将果实割下晒干，打下种子，除去杂质，再晒干。种子（马蔺子）有清热利湿、解毒杀虫、止血定痛。主治黄疸、淋浊、小便不利、肠痈、疟疾、风湿痛、喉痹、吐血、衄血、便血、崩漏、疮肿、痔疮、烫伤。煎服，3～9克。外用适量，研末调敷或捣敷。

马蔺

小根蒜

【识别】多年生草本。鳞茎近球形，外被白色膜质鳞皮。叶基生，叶片线形，长20～40厘米，先端渐尖，基部鞘状，抱茎。花茎由叶丛中抽出，单一，直立；伞形花序密而多花，近球形，顶生；花梗细；花被6，长圆状披针形，淡紫粉红色或淡紫色。蒴果。花期6～8月，果期7～9月。

【分布】分布黑龙江、吉林、辽宁、河北、山东、湖北、贵州、云南、甘肃、江苏等地。

小根蒜

【药用】夏、秋二季采挖鳞茎（薤白），洗净，除去须根，蒸透或置沸水中烫透，晒干。味辛、苦。有通阳散结、行气导滞的功效。主治胸痹心痛、脘腹痞满胀痛、泻痢后重。煎服，5～9克。

【食用】采集嫩叶，洗净后炒食或做调料。秋末采挖鳞茎，洗净后蘸酱鲜食或炒食、腌制。

山韭

【识别】多年生草本，鳞茎卵状至狭卵状。叶三棱条形，中空或基部中空，背面具1纵棱，龙骨状隆起。花葶中生，圆柱状，中空；伞形花序球状，具多而极密的花；花红紫色；花被片椭圆形至卵状椭圆形，先端钝圆。花、果期8～10月。

【分布】分布于东北及河北、山西、陕西、山东、江苏、台湾、河南、湖北等地。

山韭

【药用】夏、秋间采收地上部分，洗净，鲜用。有健脾开胃、补肾缩尿的功效。主治脾胃气虚、饮食减少、肾虚不固、小便频数。煎汤服，10～15克；或煮作羹。

【食用】3～10月割取地上全株，洗净后可炒食或做馅，其花可腌制咸菜。

绵枣儿

【识别】多年生草本，鳞茎卵形或近球形，鳞茎皮黑褐色。基生叶通常2～5枚，狭带状，长15～40厘米，柔软。花葶通常比叶长；总状花序具多数花；花紫红色、粉红色至白色；花被片近椭圆形、倒卵形或狭椭圆形。果近倒卵形。花果期7～11月。

【分布】分布于东北、华北、华中以及四川、云南、广东、江西、江苏、浙江和台湾。

【药用】鳞茎入药，有活血解毒、消肿止痛的功效。主治乳痈、肠痈、跌打损伤、腰腿痛。

【食用及毒性】全草有毒，鳞茎毒性较大，中毒症状与夹竹桃中毒症状相似。但也有文献记载可以食用。不建议食用，特别是大量、长期食用或生用。

绵枣儿

鸦葱

【识别】多年生草本，高15～25厘米。茎常在头状花序下膨大。基生叶宽披针形至条椭圆状卵形，基部渐狭成有翅的叶柄，边缘平展；茎生叶2～3枚，下部的宽披针形，上部鳞片状。头状花序，单生枝端；舌状花黄色。瘦果有纵肋，冠毛污白色，羽状。花期4～5月，果期6～7月。

【分布】分布于东北、西北、华北等地。

【药用】夏、秋季采收全草，鲜用或晒干。味微苦涩。有消肿解毒的功效。煎汤，12～20克。治疔疮及妇女乳房肿胀将鸦葱根打烂敷。

鸦葱

【食用】3 ~ 4月采集幼嫩叶，洗净，用沸水焯熟，放入清水浸泡，可凉拌、炒食。

葱莲

【识别】多年生草本。叶狭线形，肥厚，亮绿色，长20 ~ 30厘米，宽2 ~ 4毫米。花茎中空；花单生于花茎顶端，下有带褐红色的佛焰苞状总苞，总苞片顶端2裂；花梗长约1厘米；花白色，外面常带淡红色，花被片6。蒴果近球形，3瓣开裂；种子黑色，扁平。花期秋季。

【分布】我国南方多栽培供观赏。

【药用】全年均可采全草，洗净，多为鲜用。有平肝息风的功效。主治小儿惊风、癫痫、破伤风。

【毒性】全草含多种生物碱。误食鳞茎会引起呕吐、腹泻、昏睡、无力。

葱莲

267

忽地笑

【识别】多年生草本。秋季出叶，基生；叶片质厚，宽条形，长约60厘米，向基部渐狭，先端渐尖，上面黄绿色，有光泽，下面灰绿色。叶脉及叶片基部带紫红色。先花后叶；花茎高30~60厘米，总苞片2枚，披针形；伞形花序有花4~8朵，花较大，黄色或橙色；花被裂片6，倒被针形，背面具淡绿色中肋，反卷和皱缩；花被筒长1.2~1.5厘米，具柄。蒴果具3棱，室背开裂。花期8~9月，果期10月。

【分布】分布于西南及江苏、安徽、浙江、江西、福建、台湾、湖北、湖南、广东、广西等地。

【药用】秋季挖出鳞茎，选大者洗净，鲜用或晒干入药。有润肺止咳、解毒消肿的功效。主治肺热咳嗽、咳血、阴虚痨热、小便不利、痈肿疮毒、疔疮结核、烫火伤。外用适量，捣敷或捣汁涂。

【毒性】全株有毒，鳞茎毒性较大。

忽地笑

石蒜

【识别】多年生草本。秋季出叶，叶基生；叶片狭带状，长15～40厘米，宽0.4～1厘米，先端钝，全缘；中脉明显，深绿色，被粉。花葶在叶前抽出，实心，高25～60厘米；总苞片2，披针形；伞形花序，有花4～7朵；花被裂片6，红色，狭倒披针形，长2～4.5厘米，广展而强度反卷，边缘皱波状。花期8～10月。

【分布】分布于华东、中南、西南及陕西等地。

【药用】秋季将鳞茎挖出，选大者洗净，晒干入药。有祛痰催吐、解毒散结的功效。主治喉风、乳蛾、咽喉肿痛、痰涎壅塞、食物中毒、胸腹积水、恶疮肿毒、痰核瘰疬、痔漏、跌打损伤、风湿性关节痛、顽癣、烫火伤、蛇咬伤。煎服，1.5～3克。外用适量，捣敷或绞汁涂。

【毒性】全株有毒，花毒性较大，其次为鳞茎。

石蒜

水仙

【识别】多年生草本。鳞茎卵球形。叶基生，直立而扁平，宽线形，全缘。花茎中空，扁平，几与叶等长；伞房花序有花4～8朵，总苞片佛焰苞状；花被裂片6，卵圆形至阔椭圆形，先端具短尖头，扩展而外反，白色，副花冠浅杯状，淡黄色，不皱缩，短于花被。蒴果室背开裂。花期春季，果期4～5月。

【分布】多栽培于花圃中或盆栽。分布于江苏、浙江、福建、广东、四川、贵州等地。

水仙

【药用】春季采摘花，鲜用或晒干。有清心悦神、理气调经、解毒辟秽的功效。主治神疲头昏、月经不调、痢疾、疮肿。煎服，9～15克；外用适量，捣敷或研末调涂。

【毒性】全株有毒，鳞茎毒性较大。

麦门冬

【识别】多年生草本，高12～40厘米，须根中部或先端常膨大形成肉质小块根。叶丛生，叶片窄长线形。花葶较叶短，总状花序穗状，顶生；花小，淡紫色，略下垂，花被片6，不展开，披针形。浆果球形，早期绿色，成熟后暗蓝色。花期5～8月，果期7～9月。

【分布】全国大部分地区有分布，或为栽培。

【药用】夏季采挖块根，洗净，反复曝晒、堆置，至七八成干，除去须根，干燥。味甘、微苦。有养阴生津、润肺清心的功效。主治肺燥干咳、阴虚劳嗽、喉痹咽痛、津伤口渴、内热消渴、心烦失眠、肠燥便秘。煎服，6～12克。

【食用】秋末挖掘块根，去除杂质，洗净，可烧肉、做汤、煮粥。

麦门冬

湖北麦冬

【识别】根稍粗，近末端处常膨大成矩圆形、椭圆形或纺锤形的肉质小块根；根状茎短。叶丛生，叶片窄长线形，基部常包以褐色的叶鞘，边缘具细锯齿。总状花序长6～15厘米，具多数花；花通常3～5朵簇生于苞片腋内；花被片矩圆形、矩圆状披针形，先端钝圆，淡紫色或淡蓝色。种子近球形。花期5～7月，果期8～10月。

【分布】除东北、内蒙古、青海、新疆、西藏各省区外，其他地区广泛分布和栽培。

【药用】夏初采挖块根，洗净，反复曝晒、堆置，至近干，除去须根，干燥。味甘、微苦。有养阴生津、润肺清心。主治肺燥干咳、阴虚劳嗽、喉痹咽痛、津伤口渴、内热消渴、心烦失眠、肠燥便秘。煎服，9～15克。

【食用】同麦门冬。

湖北麦冬

阔叶麦冬

【识别】多年生草本。叶丛生，革质，长20～65厘米，宽1～3.5厘米，具9～11条脉。花葶通常长于叶，长35～100厘米；总状花序长25～40厘米，具多数花，3～8朵簇生于苞片腋内；苞片小，刚毛状；花被片矩圆形或矩圆状披针形，紫色；子房近球形，柱头三裂。种子球形，初期绿色，成熟后变黑紫色。花期6月下旬至9月。

【分布】分布于我国中部及南部。

【药用】立夏或清明前后采挖剪下块根，洗净，晒干。有养阴生津的功效。主治阴虚肺燥、咳嗽痰黏、胃阴不足、口燥咽干、肠燥便秘。煎汤服，10～15克。

【食用】同麦门冬。

阔叶麦冬

知母

【识别】多年生草本。叶基生，丛出，线形。花葶直立，不分枝，高50～120厘米，下部具披针形退化叶，上部疏生鳞片状小苞片；花2～6朵成一簇，散生在花葶上部呈总状花序；花黄白色，多于夜间开放，具短梗。蒴果卵圆形，种子长卵形，具3棱，黑色。花期5～8月，果期7～9月。

知母

【分布】分布于东北、华北及陕西、宁夏、甘肃、山东、江苏等地。

【药用】春、秋二季采挖根茎，除去须根和泥沙，晒干，习称"毛知母"；或除去外皮，晒干。有清热泻火、滋阴润燥的功效。主治外感热病、高热烦渴、肺热燥咳、骨蒸潮热、内热消渴、肠燥便秘。煎服，6～12克。

水菖蒲

【识别】多年生草本。叶基生，基部两侧膜质，叶鞘宽4～5毫米，向上渐狭；叶片剑状线形，草质，中脉在两面均明显隆起，侧脉3～5对，平行。花序柄三棱形，长15～50厘米；叶状佛焰苞剑状线形，长30～40厘米；肉穗花序斜向上或近直立，狭锥状圆柱形。花黄绿色，花被片长约2.5毫米。浆果长圆形，红色。花期2～9月。

【分布】生于水边、沼泽湿地，也有栽培。分布于全国各地。

【药用】秋冬二季采挖根茎，除去须根和泥沙，晒干。有温胃、消炎止痛的功效。主治消化不良、食物积滞、白喉、炭疽等。煎服，3～6克。

【毒性】全株有毒，根毒性最大。

水菖蒲

石菖蒲

【识别】多年生草本。叶根生，剑状线形，长30～50厘米，先端渐尖，暗绿色，有光泽，叶脉平行，无中脉。花茎高10～30厘米，扁三棱形；佛焰苞叶状；肉穗花序自佛焰苞中部旁侧裸露而出，呈狭圆柱形。浆果肉质，倒卵形。花期6～7月，果期8月。

【分布】生长于山涧泉流附近或泉流的水石间。分布长江流域及其以南各地。

【药用】秋、冬二季采挖根茎，除去须根和泥沙，晒干。有开窍豁痰、醒神益智、化湿开胃的功效。主治神昏癫痫、健忘失眠、耳鸣耳聋、脘痞不饥、噤口下痢。煎服，3～9克。鲜品加倍。

【毒性】全株有毒。

石菖蒲

莎草

【识别】多年生草本，茎直立，三棱形；叶丛生于茎基部，叶鞘闭合包于茎上；叶片线形，全缘，具平行脉，主脉于背面隆起。花序复穗状，3～6个在茎顶排成伞状，每个花序具3～10个小穗，线形；颖2列，紧密排列，卵形至长圆形，膜质两侧紫红色有数脉。小坚果长圆状倒卵形，三棱状。花期5～8月，果期7～11月。

【分布】生于山坡草地、耕地、路旁水边潮湿处。全国大部分地区均有分布。

【药用】秋季采挖根茎，燎去毛须，置沸水中略煮或蒸透后晒干，或燎后直接晒干。味辛、微苦、微甘。有疏肝解郁、理气宽中、调经止痛的功效。主治肝郁气滞、胸胁胀痛、疝气疼痛、乳房胀痛、脾胃气滞、脘腹痞闷、胀满疼痛、月经不调、经闭痛经。煎服，6～9克。醋炙止痛力增强。

【食用】秋季采挖块根，洗净后煮食，或晒干后磨面蒸食。

莎草

白茅

【识别】多年生草本。根茎白色，匍匐横走。秆丛生，直立，圆柱形。叶多丛集基部，叶片线形或线状披针形，根生叶长，几与植株相等，茎生叶较短。圆锥花序柱状，分枝短缩密集；小穗披针形或长圆形，每小穗具1花，基部被白色丝状柔毛。颖果椭圆形，暗褐色。花期5~6月，果期6~7月。

【分布】分布于东北、华北、华东、中南、西南及陕西、甘肃等地。

【药用】春、秋二季采挖根茎（白茅根），晒干，除去须根和膜质叶鞘，捆成小把。味甘。有凉血止血、清热利尿的功效。主治血热吐血、衄血、尿血、热病烦渴、湿热

白茅

黄疸、水肿尿少、热淋涩痛。煎服，15 ~ 30克，鲜品加倍，以鲜品为佳，可捣汁服。

【食用】春季剥取嫩穗，可食用，秋末至春初挖掘地下根状茎，可直接食用，也可腌制或做汤等。

③ 叶分裂

兔儿伞

【识别】多年生草本，高70 ~ 120厘米。根生叶1枚，幼时伞形，下垂。茎生叶互生，叶片圆盾形，掌状分裂，直达中心，裂片复作羽状分裂，边缘且不规则的锐齿，直达中心；上部叶较小。头状花序多数，密集成复伞房状，顶生；花冠管状，先端5裂。瘦果圆柱形。花期7 ~ 9月，果期9 ~ 10月。

兔儿伞

【分布】生于山坡荒地、林缘、路旁。分布于全国各地。

【药用】春、夏季采收带根全草，鲜用或切段晒干。味辛、苦，有毒。有祛风除湿、解毒活血、消肿止痛的功效。主治风湿麻木、肢体疼痛、跌打损伤、月经不调、痛经、痈疽肿毒、痔疮。煎服，10～15克；或浸酒。外用适量，鲜用品捣敷或煎洗。

【食用及毒性】春季采摘嫩叶、幼苗，用热水焯熟，再用清水浸洗，可凉拌、炒食。有中药类文献记载其有毒，故不建议食用，更不可长期、大量食用。

珊瑚菜

【识别】多年生草本，高5～20厘米。全株被白色柔毛。基生叶质厚，有长柄，叶片三出式分裂或三出式二回羽状分裂，末回裂片倒卵形至卵圆形，边缘有缺刻状锯齿，茎生叶形状与基生叶相似，叶柄基部渐膨大成鞘状。复伞形花序顶生，密被灰褐色长柔毛，花瓣白色。双悬果圆球形、椭圆形，密被棕色长柔毛及绒毛，有5个棱角，果棱有木栓质翅。花期5～7月，果期6～8月。

【分布】生于海岸沙地、沙滩，或栽培于肥沃疏松的砂质壤土。分布于辽宁、河北、山东、江苏、浙江、福建、台湾、广东等地。

【药用】夏、秋季采挖根（北沙参），除去须根，洗净，稍晾，置沸水中烫后，除去外皮，干燥。味甘、微

珊瑚菜

苦。有养阴清肺、益胃生津的功效。主治肺热燥咳、劳嗽痰血、胃阴不足、热病津伤、咽干口渴。煎服,5～12克。

【食用】春季未开花前采集嫩叶,用沸水焯熟,再用清水浸洗,可凉拌、炒食。秋季挖掘根,可炖食、做汤。

蒲公英

【识别】多年生草本,高10～25厘米。叶根生,排列成莲座状;具叶柄,柄基部两侧扩大呈鞘状;叶片线状披针形、倒披针形或倒卵形,边缘浅裂或作不规则羽状分裂,裂片齿牙状或三角状,全缘或具疏齿,裂片间有细小锯齿。头状花序单一,顶生,舌状花,花冠黄色,先端平截。瘦果倒披针形,有多数刺状突起,顶端着生白色冠毛。花期4～5月,果期6～7月。

蒲公英

【分布】生长于山坡草地、路旁、河岸沙地及田野间。全国各地均有分布。

【药用】春至秋季花初开时采挖全草，晒干。有清热解毒、消肿散结、利尿通淋的功效。主治疔疮肿毒、乳痈、目赤、咽痛、肺痈、肠痈、湿热黄疸、热淋涩痛。煎服，9～15克。外用鲜品适量捣敷或煎汤熏洗患处。

【食用】采集嫩叶，用沸水焯熟，再用清水浸洗，可凉拌、炒食、做馅、做汤。

碱地蒲公英

【识别】其与蒲公英的主要区别是小叶为规则的羽状分裂。

碱地蒲公英

【分布】【药用】【食用】同蒲公英。

一把伞天南星

【识别】多年生草本，高40～90厘米。叶1片，基生；叶柄肉质，圆柱形，直立，长40～55厘米，下部成鞘；叶片放射状分裂，裂片7～23片，披针形至长披针形，先端长渐尖或延长为线尾状。叶脉羽状，全缘。花序柄自叶柄中部分出，短于叶柄；肉穗花序，佛焰苞绿色，先端芒状；花序轴肥厚，先端附属物棍棒状。浆果红色。花期5～6月。果期8月。

【分布】生长于阴坡较阴湿的树林下。分布于河北，河南、广西、陕西、湖北、四川、贵州、云南、山西等地。

【药用】秋、冬二季茎叶枯萎时采挖块茎（天南星），除去须根及外皮，干燥。有散结消肿的功效。外用治痈肿、蛇虫咬伤。外用适量。

【毒性】全株有毒，根茎毒性较大。

一把伞天南星

东北天南星

【识别】多年生草本，高35～60厘米。叶1片，鸟趾状全裂，裂片5枚（一年生裂片3枚），倒卵形或广倒卵形，长11～15厘米，宽6～8厘米，基部楔形，全缘或有不规则牙齿。花序柄长20～40厘米，较叶低；佛焰苞全长11～14厘米，下部筒状，口缘平截，绿色

东北天南星

或带紫色；花序轴先端附属物棍棒状。浆果红色。花期
7～8月。

【分布】生长于阴坡较为阴湿的林下。分布于黑龙江、
吉林、辽宁、河北、江西、湖北、四川等地。

【药用】【毒性】同一把伞天南星。

虎掌

【识别】多年生草本。叶1年生者心形，2年生者鸟趾
状分裂，裂片5～13；叶柄长达45厘米。佛焰苞披针形，
绿色，长8～12厘米，肉穗花序下部雌花部分长约1.5
厘米，贴生于佛焰苞上，上部雄花部分长约7厘米；附属
体鼠尾状，长约10厘米。浆果卵形，绿白色，长约6毫

虎掌

米。花期6～7月，果期9～11月。

【分布】生于林下、山谷、河岸或荒地草丛中。主产河北、河南、山东、安徽。

【药用】多在白露前后采挖块茎（虎掌南星），去净须根，撞去外皮，晒干。制用。功效、主治同一把伞天门星。

【毒性】根茎有毒。

八角莲

【识别】多年生草本，茎直立，高20～30厘米。茎生叶1片，有时2片，盾状着生；叶柄长10～15厘米；叶片圆形，直径约30厘米，掌状深裂几达叶中部，边缘4～9浅裂或深裂，裂片楔状长圆形或卵状椭圆形，先端锐尖，边缘具针刺状锯齿。花5～8朵排成伞形花序，着生于近叶柄基处的上方近叶片处；花梗细，花下垂，花冠深红色，花瓣6，勺状倒卵形。浆果椭圆形或卵形。花期4～6月，果期8～10月。

【分布】分布于浙江、江西、河南、湖北、湖南、广东、广西、四川、贵州、云南等地。

【药用】全年均可采根及根茎（鬼臼），秋末为佳。全株挖起，除去茎叶，洗净泥砂，晒干或烘干备用。有化痰散结、祛瘀止痛、清热解毒的功效。主治咳嗽、咽喉肿痛、瘰疬、瘿瘤、痈肿、疔疮、毒蛇咬伤、跌打损伤、痹证。煎服，3～12克。外用适量，磨汁或浸醋、酒涂搽；捣烂敷或研末调敷。

【毒性】全草有毒，可引起呕吐、腹泻。

八角莲

4. 复叶

米口袋

【识别】多年生草本，高5～10厘米，全株被白色长柔毛，茎短。叶丛生，单数羽状复叶，有长柄，小叶11～21片，广椭圆形、卵形或长卵形，全缘。花茎自叶丛中生出，花5～7朵，顶生，成伞形花序；花冠蝶形，紫堇色；花期4～5月。荚果圆筒状，果期5～6月。

【分布】野生于原野及山地。分布东北南部、河北、山东、江苏、山西、陕西等地。

【药用】秋季采挖带根全草，洗净晒干。味苦、辛。有清热解毒的功效。主治疔疮痈肿、化脓性炎症。外用适量，鲜草捣烂敷患处，或煎水洗。

【食用】采集嫩叶，于沸水中焯熟，再用清水浸洗，可凉拌，种子煮熟后食用。

米口袋

翻白草

【识别】多年生草本，高15～30厘米。基生叶丛生，单数羽状复茎生叶小，为三出复叶，小叶长椭圆形或狭长椭圆形，边缘具锯齿，上面稍有柔毛，下面密被白色绵毛。聚伞花序，花瓣黄色，倒卵形，先端微凹或圆钝。瘦果近肾形。花、果期5～9月。

【分布】分布于东北、华北、华东、中南及陕西、四川等地。

【药用】夏秋二季开花前采挖全草，干燥。味甘、微苦。有清热解毒、止痢、止血的功效。主治湿热泻痢、痈肿疮毒、血热吐衄、便血、崩漏。煎服，9～15克；鲜品30～60克。外用适量，捣敷患处。

【食用】春季采集幼苗或嫩茎叶，用沸水焯熟，再用清水反复漂洗去除苦味，挤出汁液后炒食、凉拌。

翻白草

蕨菜

【识别】多年生草本。叶柄疏生，粗壮直立，长30～100厘米，裸净，褐色或秆黄色，叶呈三角形或阔披针形，革质，3回羽状复叶；羽片顶端不分裂，其下羽状分裂；小羽片线形、披针形或长椭圆状披针形，多数，密集；叶轴裸净。孢子囊群沿叶缘着生，呈连续长线形，囊群盖线形，有变质的叶缘反折而成的假盖。

【分布】广布全国各地。

【药用】秋、冬采收嫩叶，晒干或鲜用。有清热利湿、止血、降气化痰的功效。主治感冒发热、黄疸、痢疾、带下、噎膈、肺结核咳血、肠风便血、风湿痹痛。煎汤服，9～15克；外用适量，捣敷或研末撒。

【食用及毒性】叶、嫩芽及根茎有毒，据报道有较强的致癌活性。但有文献记载该植物可食用，具体食用方法为：早春采集拳状卷曲嫩幼叶，沸水烫煮去涩，炒食、制干菜、盐渍；秋季采挖根状茎，提淀粉，做羹汤、制粉条等。不建议食用，更不可长期、大量食用。

蕨菜

荚果蕨

【识别】植株高约90厘米。根茎直立，于叶柄基部密被披针形鳞片。叶簇生，二型，有柄；营养叶长圆倒披针形，叶轴和羽轴偶有棕色柔毛，二回深羽裂；下部10多对羽片向下逐渐缩短成小耳形；裂片边缘浅波状或顶端具圆齿。孢子叶较短，直立，有粗硬较长的柄，一回羽状，纸质；羽片向下反卷成有节的荚果状，包围囊群。孢子囊群圆形，着生于侧脉分枝的中部，成熟时汇合成条形；囊群盖膜质，白色，成熟时破裂消失。

【分布】分布于东北、华北及陕西、甘肃、河南、四川、西藏等地。

【药用】春、秋季采挖根茎（荚果蕨贯众），削去叶柄、须根，除净泥土，晒干或鲜用。有小毒。有清热解毒、杀虫、止血的功效。主治热病发斑、腮腺炎、湿热疮毒、蛔虫腹痛、蛲虫病、赤痢便血、尿血、吐血、衄血、崩漏。煎服，5～15克，大剂量可用至50克。外用适量，捣敷，或煎水洗。

【食用】4～6月采集拳卷状幼叶，可炒食、制干菜或腌制咸菜。

荚果蕨

粗茎鳞毛蕨

【识别】多年生草本，高50～100厘米。叶簇生于根茎顶端；叶柄长10～25厘米，基部以上直达叶轴密生棕色条形至钻形狭鳞片，叶片倒披针形，二回羽状全裂或深裂；羽片无柄。孢子囊群着生于叶中部以上的羽片上，生于叶背小脉中部以下，囊群盖肾形或圆肾形，棕色。

【分布】分布于东北及内蒙古、河北等地。

【药用】秋季采挖，削去叶柄，须根，除去泥沙，晒干。有清热解毒、止血、杀虫的功效。主治时疫感冒、风热头痛、温毒发斑、疮疡肿毒、崩漏下血、虫积腹痛。煎服，4.5～9克。外用适量。

【毒性】根茎有毒。

粗茎鳞毛蕨

紫萁

【识别】多年生草本，高30～100厘米。叶二型，幼时密被绒毛；营养叶有长柄，叶片三角状阔卵形，顶部以下二回羽状，小羽片长圆形或长圆状披针形，先端钝或尖，基部圆形或宽楔形，边缘有匀密的细钝锯齿。孢子叶强度收缩，小羽片条形，沿主脉两侧密生孢子囊，形成长大深棕色的孢子囊穗。

【分布】生于林下、山脚或溪边的酸性土上。分布于甘肃、山东、江苏、安徽、浙江、江西、福建、河南、湖北、湖南、广东、广西、四川、贵州、云南等地。

【药用】春、秋季采挖根茎及叶柄残基（紫萁贯众），削去叶柄、须根，除净泥土，晒干或鲜用。有清热解毒、止血、杀虫的功效。主治疫毒感冒、热毒泻痢、痈疮肿毒、吐血、衄血、便血、崩漏、虫积腹痛。煎服，5～9克；外用适量，鲜品捣敷，或研末调敷。

【食用】4～6月采集拳卷状幼叶，可炒食、制干菜或腌制咸菜。

紫萁

293

半夏

【识别】多年生小草本，高15～30厘米。叶出自块茎顶端，在叶柄下部内侧生一白色珠芽；一年生的叶为单叶，卵状心形；2～3年后，叶为3小叶的复叶，小叶椭圆形至披针形，中间小叶较大，两侧的较小，全缘。花序梗常较叶柄长，肉穗花序顶生，佛焰苞绿色；雄花着生在花序上部，白色，雄蕊密集成圆筒形，雌花着生于雄花的下部，绿色；花序中轴先端附属物延伸呈鼠尾状，伸出佛焰苞外。浆果卵状椭圆形。果期8～9月。

【分布】我国大部分地区有分布。

【药用】夏、秋二季采挖块茎，洗净，除去外皮和须根，晒干。有燥湿化痰、降逆止呕、消痞散结的功效。主治湿痰寒痰、咳喘痰多、痰饮眩悸、风痰眩晕、痰厥头痛、呕吐反胃、胸脘痞闷、梅核气，外治痈肿痰核。内服一般炮制后使用，3～9克。外用适量，磨汁涂或研末以酒调敷患处。

【毒性】全株有毒，根茎毒性最大。

半夏

5. 无明显叶

石刁柏

【识别】多年生直立草本，高可达1米。茎上部在后期常俯垂，分枝较柔弱。叶状枝每3～6枚成簇，近圆柱形，纤细，稍压扁，多少弧曲，叶鳞片状，基部具刺状短距或近无距。花1～4朵腋生，绿黄色。浆果球形，成熟时红色，具种子2～3颗。花期5月，果期7月。

【分布】我国大部分地区有栽培。

【药用】4、5月间采收嫩茎，随即采取保鲜措施，防止日晒、脱水。有清热利湿、活血散结的功效。主治肝炎、银屑病、高脂血症、淋巴肉瘤、膀胱癌、乳腺癌、皮肤癌。煎服，15～30克。

【食用】春季采集幼笋，洗净，可炒食。秋末挖掘块根，去杂洗净，可用于煮汤或煮粥。

石刁柏

节节草

【识别】地上枝多年生。枝一型，绿色，主枝多在下部分枝，常形成簇生状；幼枝的轮生分枝明显或不明显；主枝有脊5～14条，脊的背部弧形，有一行小瘤或有浅色小横纹；鞘筒狭长达1厘米，下部灰绿色，上部灰棕色；鞘齿5～12枚，三角形，灰白色，黑棕色或淡棕色，边缘（有时上部）为膜质，基部扁平或弧形，早落或宿存。侧枝较硬，圆柱状，有脊5～8条，脊上平滑或有一行小瘤或有浅色小横纹。孢子囊穗短棒状或椭圆形，顶端有小尖突，无柄。

节节草

【分布】我国各地有分布。

【药用】四季可采，割取地上全草，洗净，晒干。有清热、利尿、明目退翳、祛痰止咳的功效。主治目赤肿痛、角膜云翳、肝炎、咳嗽、支气管炎、泌尿系感染。煎服，3～15克。

【毒性】全草有毒。

木贼

【识别】多年生草本，高50厘米以上。根茎短，黑色，匍匐，节上长出密集成轮生的黑褐色根。茎丛生，坚硬，直立不分枝，圆筒形，有关节状节，节间中空，茎表面有20～30条纵肋棱，每棱有两列小疣状突起。叶退化成鳞片状，基部合生成筒状的鞘，基部有1暗褐色的圈，上部淡灰色，先端有多数棕褐色细齿状裂片，裂片披针状锥形，先端长，锐尖，背部中央有1浅沟。孢子囊穗生于茎顶，长圆形，先端具暗褐色的小尖头。孢子囊穗6～8月间抽出。

【分布】分布于东北、华北、西北、华中、西南。

【药用】夏、秋采收全草（木贼），割取地上部分，洗净，晒干。有疏风清热、凉血止血、明目退翳的功效。主治风热目赤、目生云翳、迎风流泪、肠风下血、痔血、血痢、妇人月水不断、脱肛。煎服，3～10克。外用适量，研末撒敷。

【毒性】全草有毒。

木贼

问荆

【识别】多年生草本。根茎匍匐生根，黑色或暗褐色。地上茎直立，2型。营养茎在孢子茎枯萎后生出，高15～60厘米，有棱脊6～15条。叶退化，下部联合成鞘，鞘齿披针形，黑色，边缘灰白色，膜质；分枝轮生，中实，有棱脊3～4条，单一或再分枝。孢子囊穗5～6月抽出，顶生，钝头；孢子叶六角形，盾状着生，螺旋排列，边缘着生长形孢子囊。

【分布】分布东北、华北及陕西、新疆、山东、江苏、安徽、江西、湖北、湖南、四川、贵州和西藏等地。

问荆

【药用】夏、秋季采收，割取全草（问荆），置通风处阴干，或鲜用。有止血、利尿、明目的功效。主治吐血、咯血、便血、崩漏、鼻衄、外伤出血、目赤翳膜、淋病。煎服，3～15克。外用适量，鲜品捣敷，或干品研末调敷。

【毒性】全草有毒。

二、水中生植物

莲

【识别】多年生水生草本。叶露出水面，叶柄着生于叶背中央，粗壮，圆柱形，多刺；叶片圆形，全缘或稍呈波状，上面粉绿色，下面叶脉从中央射出。花单生于花梗

莲

顶端，红色、粉红色或白色，花瓣椭圆形或倒卵形。花后结"莲蓬"，倒锥形；坚果椭圆形或卵形。

【分布】生于水泽、池塘、湖沼或水田内。广布于南北各地。

【药用】①藕节：秋、冬二季采挖根茎，切取节部，晒干；有收敛止血、化瘀的功效；主治吐血、咯血、衄血、尿血、崩漏；煎服，10～15克，大剂量可用至30克；鲜品30～60克，捣汁饮用。②莲子：秋季果实成熟时采割莲房，取出果实，除去果皮，干燥；有补脾止泻、止带、益肾涩精、养心安神的功效；主治脾虚泄泻、带下、遗精、心悸失眠；煎服，10～15克，去心打碎用。

【食用】夏、秋季采集莲花，可炒食；采摘莲子，去壳，可煮粥；秋末至翌年初春挖莲藕，可凉拌、炒食、炖食、腌制。

睡 莲

【识别】多年生水生草本。叶丛生，浮于水面；纸质，心状卵形或卵状椭圆形，先端圆钝，基部深弯呈耳状裂片，全缘。花梗细长，花浮出水面，花瓣8～17，白色，宽披针形或倒卵形。浆果球形，包藏于宿存花萼中；种子椭圆形，黑色。花期6～8月，果期8～10月。

【分布】生长于池沼湖泊中。全国广布。

【药用】夏季采收花，洗净，去杂质，晒干。有消暑、解酒、定惊的功效。主治中暑、醉酒烦渴、小儿惊风。煎

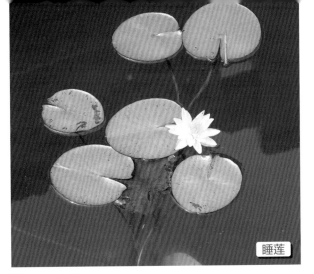

睡莲

服，6～9克。

【毒性】全株有毒，种子毒性较大，可引起呼吸困难、幻觉等。

芡

【识别】一年生大型水生草本。初生叶沉水，箭形或椭圆肾形；后生叶浮于水面，椭圆肾形至圆形，上面深绿色，多皱褶，下面深紫色，叶脉凸起，边缘向上折。花单生，花瓣多数，紫红色，成数轮排列；花期7～8月。浆果球形；果期8～9月。

【分布】生于池塘、湖沼及水田中。分布于东北、华

芡

北、华东、华中及西南等地。

【药用】秋末冬初采收成熟果实，除去果皮，取出种子，洗净，再除去硬壳（外种皮），晒干。有益肾固精、补脾止泻、除湿止带的功效。主治遗精滑精、遗尿尿频、脾虚久泻、白浊、带下。煎服，10～15克。

【食用】8月后采摘成熟果实，取出种子，洗净，可煮粥。

浮萍

【识别】多年生细小草本，漂浮水面。根5～11条束生。叶扁平，单生或2～5簇生，阔倒卵形，先端钝圆，上面稍向内凹。花序生于叶状体边缘的缺刻内，佛焰苞袋状，2唇形，内有2雄花和1雌花，无花被。果实圆形，

浮萍

边缘有翅。生长于他沼、水田、湖湾或静水中。

【分布】生于水中，广布于我国南北各地。

【药用】6～9月采收全草。捞出后去杂质，洗净，晒干。有发汗解表、透疹止痒、利水消肿、清热解毒的功效。主治风热表证、麻疹不透、隐疹瘙痒、水肿、癃闭、疮癣、丹毒、烫伤。煎服，3～9克，鲜品15～30克；或捣汁饮。外用适量，煎水熏洗。

【食用】采集鲜嫩茎叶，炒食或做汤。

雨久花

【识别】直立水生草本，高30～70厘米。叶基生和茎生；基生叶宽卵状心形，全缘，具多数弧状脉；叶柄长达30厘米，有时膨大成囊状；茎生叶叶柄渐短，基部增

雨久花

大成鞘，抱茎。总状花序顶生，有时再聚成圆锥花序；花10余朵，花被片椭圆形，蓝色。蒴果长卵圆形，种子长圆形。花期7～8月，果期9～10月。

【分布】生于池塘、湖沼靠岸的浅水处和稻田中。分布于东北、华北、华中、华东和华南。

【药用】夏季采集地上全草，晒干。有清热解毒的功效。主治高热咳喘、小儿丹毒。煎汤服，5～10克。

【食用】夏季采集嫩茎叶，去杂洗净，用沸水烫一下，清水浸泡除去异味，可凉拌、炒食。

凤眼莲

【识别】多年生浮水或生于泥沼中的草本。叶丛生于缩短茎的基部，叶柄长或短，中下部有膨大如葫芦状的气囊，基部有鞘状苞片；叶片卵形或圆形，大小不等。花茎单生，中上部有鞘状苞片；穗状花序有花6～12朵；花被6裂，青紫色。蒴果包藏于凋萎的花被管内。种子多数，卵形，有纵棱。花期夏、秋季。

凤眼莲

【分布】生于水塘中。分布于广东、广西等地。长江以南地区广泛栽培。

【药用】春、夏季采集根或全草（水葫芦），洗净，晒干或鲜用。有疏散风热、利水通淋、清热解毒的功效。主治风热感冒、水肿、热淋、尿路结石、风疹、湿疮、疖肿。煎服，15～30克。外用适量，捣敷。

【食用】春、夏季采集嫩茎叶，用沸水略烫，捞出挤干水分，可凉拌、炒食。7～8月采集鲜花，洗净，可炒食。

泽泻

【识别】多年生沼生植物。叶根生；叶柄长达50厘米，基部扩延成中鞘状，叶片宽椭圆形至卵形，全缘。花茎由叶丛中抽出，长10～100厘米，花序通常有3～5轮分枝，轮生的分枝常再分枝，组成圆锥状复伞形花序；

花瓣倒卵形，白色。瘦果倒卵形。花期6～8月，果期7～9月。

【分布】生于沼泽边缘或栽培。分布于东北、华东、西南及河北、新疆、河南等地。

【药用】冬季茎叶开始枯萎时采挖块茎，除去须根和粗皮，干燥。味甘。有利水渗湿、泄热、化浊降脂的功效。主治小便不利、水肿胀满、泄泻尿少、痰饮眩晕、热淋涩痛、高脂血症。煎服，5～10克。

泽泻

【食用】全株有毒，地下块茎毒性较大，内服可引起胃肠炎，贴于皮肤引起发泡，其叶可作为皮肤发红剂。故不建议食用，特别是大量、长期食用。有关文献记载的食用方法如下：春季采摘嫩苗及嫩叶，用沸水焯熟，再用清水浸洗，加油盐醋凉拌。

野慈姑

【识别】多年生直立水生草本。有纤匐枝，枝端膨大成球茎。叶具长柄，叶通常为戟形，宽大，先端圆钝，基部裂片短。花葶同圆锥花序长20～60厘米；花3～5朵为1轮，下部3～4轮为雌花，上部多轮为雄花；外轮花被片3，萼片状，卵形；内轮花被片3，花瓣状，白色，基部常有紫斑。瘦果斜倒卵形，背腹两面有翅。花期8～10月。

【分布】生于沼泽、水塘，常栽培于水田。分布于南方各地。

【药用】秋季初霜后至翌春发芽前采收球茎，鲜用或晒干用。味甘、微苦。有活血凉血、止咳通淋、散结解毒的功效。主治产后血闷、胎衣不下、带下、崩漏、衄血、

野慈姑

呕血、咳嗽痰血、淋浊、疮肿、目赤肿痛、角膜白斑、睾丸炎、骨膜炎。煎服，15～30克；外用适量，捣敷。

【食用】春季、夏季采挖幼芽，用沸水焯熟后，可凉拌、炒食。秋季挖掘球茎，去鳞片洗净，可炒食、煮食、盐渍食用。

黑三棱

【识别】多年生草本。茎直立，圆柱形，光滑，高50～100厘米。叶丛生，2列；叶片线形，长60～95厘米，宽约2厘米，叶背具1条纵棱，基部抱茎。花茎由叶丛抽出，单一；头状花序，有叶状苞片；雄花序位于雌花序的上部，通常2～10个；雌花序直径通常1～3个；雄花花被3～4，倒披针形。果呈核果状，倒卵状圆锥形，先端有锐尖头。花期6～7月，果期7～8月。

【分布】生于池沼或水沟等处。分布黑龙江、吉林、辽宁、河北、河南、安徽、江苏、浙江、江西、湖南、湖北、四川、山西、陕西、甘肃、宁夏等地。

黑三棱

【药用】冬季至次年春采挖块茎（三棱），洗净，削去外皮，晒干。有破血行

308

气、消积止痛的功效。主治癥瘕痞块、痛经、瘀血经闭、胸痹心痛、食积胀痛。煎服，3～10克。

【食用】春季采摘嫩茎，剥去外面的粗皮，用沸水焯熟，加入油盐调拌即可。

水烛香蒲

【识别】多年生水生或沼生草本。根状茎乳白色。地上茎粗壮，向上渐细，高1～2米。叶片条形，光滑无毛，背面逐渐隆起呈凸形。雌雄花序相距3～7厘米；雄花序轴具褐色扁柔毛；雌花序长15～30厘米，雄花序长3～9厘米。花果期5～8月。

【分布】生于湖泊、池塘、沟渠、沼泽及河流缓流带。我国东北、华北、华东、华南、华中等地有分布。

【药用】夏季采收蒲棒上部的黄色雄花序，晒干后碾轧，筛取花粉（蒲黄）。味甘。有止血、化瘀、通淋的功效。主治吐血、衄血、咯血、崩漏、外伤出血、经闭通经、胸

水烛香蒲

腹刺痛、跌扑肿痛、血淋涩痛。煎服，3 ~ 10克，包煎。外用适量，研末外掺或调敷。

【食用】取假茎的白嫩部分和地下茎的嫩头做菜，可炒食、做汤、盐渍食用。

小香蒲

【识别】多年生沼生或水生草本，高16 ~ 65厘米。叶通常基生，鞘状。雌雄花序远离，雄花序长3 ~ 8厘米，雌花序长1.6 ~ 4.5厘米。小坚果椭圆形，纵裂，果皮膜质。种子黄褐色，椭圆形。花果期5 ~ 8月。

【分布】分布于中国西南、西北、东北及河南、河北等地。

【药用】【食用】同水烛香蒲。

小香蒲

水葱

【识别】多年生草本，高1～2米。秆高大，圆柱形，基部有叶鞘3～4，仅顶生叶鞘有叶片。叶片线形长1.5～2厘米。聚伞花序假侧生；小穗单生或2～3个簇生，长圆状卵形，先端急尖或钝圆密生多数花；鳞片椭圆形或宽卵形，边缘有缘毛，先端微凹。小坚果倒卵形，双凹状。花、果期6～9月。

【分布】生于湖边或浅水塘中。分布东北、内蒙古、陕西、山西、甘肃、新疆、河北、江苏、贵州、四川、云南等地。

【药用】夏、秋采收地上部分，洗净，切段，晒干。有利水消肿的功效。主治水肿胀满；小便不利。煎汤服，5～10克。

【食用】采集未开花的嫩笋芽、嫩秆，去杂洗净，多用作配菜，可炒食、做汤。

水葱

芦苇

【识别】多年生高大草本，高1～3米。地下茎粗壮，横走，节间中空，节上有芽。茎直立，中空。叶2列，互生，叶片扁平。穗状花序排列成大型圆锥花序，顶生，小穗暗紫色或褐紫色。颖果椭圆形。花、果期7～10月。

【分布】生于河流、池沼岸边浅水中。全国大部分地区都有分布。

芦苇

【药用】全年均可采挖根茎（芦根），除去芽、须根，鲜用或晒干。味甘。有清热泻火、生津止渴、除烦、止呕、利尿的功效。主治热病烦渴、肺热咳嗽、肺痈吐脓、胃热呕哕、热淋涩痛。煎服，干品15～30克；鲜品加倍。

【食用】春季采摘嫩芽，洗净后可直接食用，也可以炒食、煮汤、凉拌。

第二部分

藤蔓类植物

一、匍匐草本

（一）单叶

1. 叶互生

积雪草

【识别】多年生草本，茎匍匐，细长，节上生根。叶片膜质至草质，圆形、肾形或马蹄形，边缘有钝锯齿，基部阔心形；掌状脉5~7。伞形花序聚生于叶腋；每一伞

积雪草

形花序有花3～4，聚集呈头状；花瓣卵形，紫红色或乳白色，膜质。果实两侧扁平，圆球形，基部心形至平截形，每侧有纵棱数条，棱间有明显的小横脉，网状。花果期4～10月。

【分布】分布于陕西、江苏、湖南、湖北、福建、台湾、广东、广西、四川、云南等省区。

【药用】夏、秋二季采收全草，除去泥沙，晒干。有清热利湿、解毒消肿的功效。主治湿热黄疸、中暑腹泻、石淋血淋、痈肿疮毒、跌扑损伤。煎服，15～30克。

【食用】四季皆可采集嫩茎叶，于沸水中煮5～10分钟，再用清水浸洗，挤去汁液，可炒食。

天胡荽

【识别】多年生草本，有特异气味，茎细长而平铺地上，节上生根。叶互生，叶片圆肾形或近圆形，基部心形，不分裂或3～7裂，裂片阔卵形，边缘有钝齿。伞形花序与叶对生，单生于节上；花瓣卵形，绿白色。双悬果略呈心形，两面扁压。花、果期4～9月。

【分布】生于湿润的路旁、草地、沟边及林下。分布于西南及陕西、江苏、安徽、浙江、江西、福建、台湾、湖南、湖北、广东、广西等地。

【药用】夏秋间采收全草，晒干。味辛、微苦。有清热利湿、解毒消肿的功效。主治黄疸、痢疾、水肿、淋症、喉肿、痈肿疮毒、跌打损伤。煎服，9～15克，鲜

天胡荽

品30 ~ 60克。外用适量，捣烂敷或捣汁涂。

【食用】春季未开花前采集嫩茎叶，用沸水焯熟，再用清水漂洗，可凉拌、炒食或做汤。

半边莲

【识别】多年生蔓性草本。茎细长，多匍匐地面，在节上生根，分枝直立。叶互生，叶片狭披针形或条形，全缘或有疏锯齿。花单生于叶腋，有细长的花柄；花冠粉红色或白色，一侧开裂，上部5裂，裂片倒披针形，偏向一方。蒴果倒锥状。花期5 ~ 8月，果期8 ~ 10月。

【分布】生于水田边、沟边及潮湿草地上。分布于

半边莲

江苏、安徽、浙江、江西、福建、台湾、湖北、湖南、广东、广西、四川、贵州、云南等地。

【药用】夏季采收全草，洗净，晒干。味辛。有清热解毒、利尿消肿的功效。主治痈肿疔疮、蛇虫咬伤、臌胀水肿、湿热黄疸、湿疹湿疮。煎服，干品10～15克，鲜品30～60克。外用适量。

【食用】未开花前采集嫩茎叶，用沸水焯熟，再用清水浸洗，可炒食、做汤。

马齿苋

【识别】一年生肉质草本，全株光滑无毛，高20～

30厘米。圆柱形，平卧或斜向上，由基部分歧四散。叶互生或对生，叶柄极短，叶片肥厚肉质，倒卵形或匙形，全缘。花小，花瓣5，黄色，倒心形，常3～5朵簇生于枝端；花期5～9月。蒴果短圆锥形；果期6～10月。

【分布】我国大部地区有分布。

【药用】夏、秋季采收地上部分，略蒸或烫后晒干。有清热解毒、凉血止血、止痢的功效。主治热毒血痢、痈肿疔疮、湿疹、丹毒、蛇虫咬伤、便血、痔血、崩漏下血。煎服，9～15克，鲜品30～60克。外用适量，捣敷患处。

【食用】采集幼苗或嫩茎叶，用沸水焯熟，再用清水漂洗后凉拌、制成干菜或炒食、做馅。

马齿苋

萹蓄

【识别】一年生或多年生草本，高10～50厘米。植物体有白色粉霜，茎平卧地上或斜上伸展。单叶互生，几无柄，叶片窄长椭圆形或披针形。花常1～5朵簇生于叶腋，花被绿色，5裂，裂片椭圆形，边缘白色或淡红色，花期4～8月。瘦果三角状卵形，果期6～9月。

【分布】生于山坡、田野、路旁等处。分布于全国大部分地区。

【药用】夏季叶茂盛时采收地上部分，晒干。具有利尿通淋、杀虫、止痒的功效。主治热淋涩痛、小便短赤、虫积腹痛、皮肤湿疹、阴痒带下。煎服，9～15克。

【食用】4～5月采集嫩茎叶，于沸水中焯熟，再用清水浸洗，可凉拌、炒食或制干菜。

萹蓄

鱼腥草

【识别】多年生草本，高15～50厘米。茎下部伏地，节上生根。叶互生，心形或宽卵形，全缘。穗状花序生于茎的上端，与叶对生；总苞片4枚，长方倒卵形，白色；花小而密，无花被，花期5～6月。蒴果卵圆形，果期10～11月。

【分布】分布于西北、华北、华中及长江以南各地。

【药用】夏季茎叶茂盛花穗多时采割地上部分，除去杂质，晒干。有清热解毒、消痈排脓、利尿通淋的功效。主治肺痈吐脓、痰热喘咳、热痢、热淋、痈肿疮毒。煎服，15～25克。

【食用及毒性】全株有小毒，食用嫩茎叶时要采集未开花嫩茎叶，于沸水中焯10分钟，再清水浸洗数次，可炒食、凉拌，因有小毒建议尽量不要食用茎叶或控制食用量。嫩根茎可食，秋末至春季可挖嫩根茎，采集时避免混入茎叶，洗净，可炒食，凉拌。

鱼腥草

阿拉伯婆婆纳

【识别】二年生草本，高10～50厘米，茎铺散，多分枝。叶在茎基部对生，上部互生。叶片卵形或圆形，边缘具钝齿。总状花序；花冠蓝色、紫色或蓝紫色。蒴果肾形。花期3～5月。

【分布】生于路边及荒野杂草中。分布于华东、华中及新疆、贵州、云南、西藏东部。

【药用】夏季采收全草，鲜用或晒干。有祛风除湿、截疟的功效。主治风湿痹痛、肾虚腰痛。煎服，15～30克。外用适量，煎水熏洗。

【食用】未开花前采集嫩苗，用沸水焯熟，再用清水浸泡半天，可炒食、做汤。

阿拉伯婆婆纳

2. 叶对生和轮生

飞扬草

【识别】一年生草本。茎通常自基部分枝，枝常淡红色或淡紫色，匍匐状或扩展。叶对生，叶片披针状长圆形至卵形或卵状披针形，边缘有细锯齿，中央常有1紫色斑。杯状花序多数密集成腋生头状花序，总苞宽钟状，外面密被短柔毛，顶端4裂；腺体4，漏斗状，有短柄及花瓣状附属物。蒴果卵状三棱形，被短柔毛；种子卵状四棱形。花期全年。

【分布】分布于浙江、江西、福建、台湾、湖南、广东、海南、广西、四川、贵州、云南。

【药用】夏、秋间采收带根全草（大飞扬草），晒干。

飞扬草

有清热解毒、利湿止痒、通乳的功效。主治肺痈、乳痈、痢疾、泄泻、热淋、血尿、湿疹、脚癣、皮肤瘙痒、疔疮肿毒、牙疳、产后少乳。煎服，6～9克；鲜品30～60克。外用适量，捣敷或煎水洗。

【毒性】全株有毒，有致泻作用。

活血丹

【识别】多年生草本，高10～30厘米，幼嫩部分被疏长柔毛。匍匐茎着地生根，茎上升，四棱形。叶对生，叶片心形或近肾形，边缘具圆齿，两面被柔毛或硬毛。轮伞花序通常2、3花；花冠蓝色或紫色，下唇具深色斑点，花冠筒有长和短两型。小坚果长圆状卵形，深褐色。花期4～5月，果期5～6月。

【分布】生于林缘、疏林下、草地上或溪边等阴湿处。全国各地除甘肃、青海、新疆及西藏外，均有分布。

【药用】4～5月采收全草，晒干或鲜用。味苦。有利湿通淋、清热解毒、散瘀消肿的功效。主治热淋石淋、

活血丹

湿热黄疸、疮痈肿痛、跌打损伤。煎服，15～30克；外用适量，捣敷或绞汁涂敷。

【食用】未开花前采集嫩茎叶，用沸水焯熟，再用清水浸洗，可凉拌、炒食。

地锦草

【识别】一年生草本，含白色乳汁，茎平卧地面，呈红色。叶对生，叶柄极短，叶片长圆形，边缘有细齿，绿色或淡红色。杯状花序单生于叶腋；总苞倒圆锥形，浅红色。蒴果三棱状球形，光滑无毛。花期6～10月，果实7月渐次成熟。

【分布】生于田野路旁及庭院间。全国各地均有分布。

地锦草

【药用】夏、秋二季采收全草，晒干。味辛。有清热解毒、凉血止血的功效。主治痢疾、泄泻、咯血、尿血、便血、崩漏、疮疖痈肿。9～20克；鲜品30～60克。外用适量。

【食用】采集嫩茎叶，用沸水焯熟，再用清水浸洗，可凉拌。

斑叶地锦

【识别】本种与地锦草极相似，主要区别是叶片中央有一紫斑，蒴果表面密生白色细柔毛。

【分布】【药用】【食用】同地锦草。

斑叶地锦

过路黄

【识别】多年生蔓生草本。茎柔弱，平卧延伸。单叶对生，叶片卵圆形、近圆形以至肾圆形。花单生于叶腋，花冠黄色，辐状钟形，5深裂，裂片狭卵形以至近披针形，具黑色长腺条。蒴果球形。花期5～7月，果期7～10月。

【分布】生于沟边、路旁阴湿处和山坡林下。江南各省均有分布。

【药用】夏、秋季采收全草（金钱草），晒干。味甘。有利湿退黄、利尿通淋、解毒消肿的功效。主治湿热黄疸、胆胀胁痛、石淋、热淋、小便涩痛、痈肿疔疮、蛇虫咬伤。煎服，15～60克。

【食用】未开花前采集幼苗及嫩苗叶，用沸水焯熟，换清水浸泡除去涩味，可炒食、做汤。

过路黄

空心莲子菜

【识别】多年生草本，长50～120厘米。茎基部匍匐，着地节处生根，上部直立。叶对生，叶片倒卵形或倒卵状披针形，全缘。头状花序单生于叶腋，总花梗长1～4厘米，苞片白色，花被片白色；花期5～10月。

【分布】生于水沟、池塘及田野荒地等处。分布于河北、江苏、安徽、浙江、江西、福建、湖南、湖北、广西等地。

【药用】春、夏、秋季采收全草，鲜用或晒干用。有清热凉血、解毒、利尿的功效。主治咳血、尿血、感冒发热、淋浊、疟腮、湿疹。煎服，30～60克，鲜品加倍；外用适量，捣敷或捣汁涂。

【食用】春、夏季采集开花之前的嫩茎叶，用沸水焯熟，再用清水浸洗，可凉拌、炒食或做馅。

空心莲子菜

牛繁缕

【识别】二年或多年生草本，高20～60厘米。茎多分枝，下部伏卧，上部直立，节膨大，带紫色。叶对生，下部叶有短柄，上部叶无柄或抱茎；叶片卵形或卵状心形，全缘。二歧聚伞花序顶生，花梗细长，花瓣5，白色，2深裂至基部。种子多数，扁圆形，褐色，有瘤状突起。

【分布】全国各地均有分布。

【药用】春季生长旺盛时采收全草，鲜用或晒干。有清热解毒、散瘀消肿的功效。主治肺热喘咳、痢疾、痈疽、痔疮、月经不调、小儿疳积。煎服，15～30克；或鲜品60克捣汁。外用适量，鲜品捣敷；或煎汤熏洗。

【食用】春、夏季采集幼苗、嫩茎叶，用沸水焯熟，再用清水浸洗，可凉拌、炒食或做汤。

牛繁缕

百里香

【识别】茎多数，匍匐或上升。花枝高2～10厘米，具2～4对叶，叶片卵形。花序头状；萼筒状钟形或狭钟状，内面在喉部有白色毛环，上唇具3齿，齿三角形；花冠紫红色至粉红色，上唇直伸，微凹，下唇开展，3裂，中裂片较长。小坚果近圆形或卵圆形，光滑。花期7～8月。

【分布】分布于河北、山西、陕西、甘肃、青海。

【药用】7～8月采收全草（地椒），洗净，鲜用或晒干。有祛风止咳、健脾行气、利湿通淋的功效。主治感冒头痛、咳嗽、百日咳、脘腹疼痛、消化不良、呕吐腹泻、牙痛、小便涩痛、湿疹瘙痒、疮痈肿痛。煎服，9～12克；或浸酒。外用适量，研末撒或煎水洗。

百里香

【毒性】全草有小毒。

牻牛儿苗

【识别】草本，高10～50厘米，茎平铺地面或斜升。叶对生，二回羽状深裂，羽片5～9对，基部下延，小羽片条形。伞形花序；花瓣5，倒卵形，淡紫色或蓝紫色。蒴果先端具长喙。花期4～8月，果期6～9月。

【分布】生于山地阔叶林林缘、灌丛、荒山草坡。分布长江中下游以北的华北、东北、西北、四川西北和西藏。

【药用】夏、秋季果实近成熟时采割地上部分，晒干。味辛、苦。有祛风湿、通经络、止泻痢的功效。主治风湿痹痛、麻木拘挛、筋骨酸痛、泄泻痢疾。煎服，9～15克。外用适量。

【食用】未开花前采集嫩茎叶，用沸水焯熟，再用清水浸泡，可凉拌、炒食。

牻牛儿苗

垂盆草

【识别】多年生肉质直立草本。不育枝及花茎细，匍匐而节上生根。叶为3片轮生，叶片倒披针状长圆形，全缘。聚伞花序顶生，有3～5分枝，花瓣5，黄色，披针形至长圆形；花期5～7月。

【分布】我国大部分地区有分布。

【药用】夏、秋季采收全草，干燥。有利湿退黄、清热解毒的功效。主治湿热黄疸、小便不利、痈肿疮疡。煎服，15～30克；鲜品250克。

【食用】春、夏季采集尚未开花的嫩茎叶，用沸水焯熟，再用清水浸洗，可凉拌、炒食。

垂盆草

（二）复叶

扁茎黄芪

【识别】多年生草本。茎匍匐。单数羽状复叶，具小叶9～21，小叶椭圆形或卵状椭圆形，全缘。总状花序腋生，总花梗细长，具花3～9朵，花萼钟形，被黑色和白色短硬毛；花冠蝶形，黄色，旗瓣近圆形，翼瓣稍短，龙骨瓣与旗瓣近等长。荚果纺锤形。花期8～9月，果期9～10月。

【分布】分布辽宁、吉林、河北、陕西、甘肃、山西、内蒙古等地。

【药用】秋末冬初果实成熟尚未开裂时采割植株，晒

扁茎黄芪

干，打下种子（沙苑子），除去杂质，晒干。有补肾助阳、固精缩尿、养肝明目的功效。主治肾虚腰痛、遗精早泄、遗尿尿频、白浊带下、眩晕、目暗昏花。煎服，10～20克。

南苜蓿

【识别】一年生草本，高20～90厘米，茎平卧、上升或直立，近四棱形。三出复叶；叶柄柔软，细长；小叶倒卵形或三角状倒卵形，几等大，在三分之一以上边缘具浅锯齿。头状伞形花序，总花梗腋生，纤细无毛；花冠黄色；花期3～5月。荚果盘形，暗绿褐色；种子长肾形，棕褐色，平滑，果期5～6月。

南苜蓿

【分布】分布于我国中部、南部。
【药用】【食用】同苜蓿。

蒺藜

【识别】一年生草本。茎由基部分枝，平卧地面。偶数羽状复叶对生，一长一短；长叶具6～8对小叶；短叶具3～5对小叶；小叶对生，长圆形。花小，单生于短叶的叶腋；花瓣5，淡黄色，倒卵形。果实为离果，五角形或球形，由5个呈星状排列的果瓣组成，每个果瓣具长短棘刺各1对，背面有短硬毛及瘤状突起。花期5～8月，果期6～9月。

【分布】分布于全国各地。

蒺藜

【药用】秋季果实成熟时采收果实（刺蒺藜）。割下全株，晒干，打下果实，碾去硬刺，除去杂质。炒黄或盐炙用。有平肝解郁、活血祛风、明目、止痒的功效。主治头痛眩晕、胸胁胀痛、乳闭乳痈、目赤翳障、风疹瘙痒。煎服，6～9克；外用适量。

【毒性】全草有毒。

蛇莓

【识别】多年生草本。匍匐茎多数，在节处生不定根。基生叶数个，茎生叶互生，均为三出复叶，小叶片具小叶柄，倒卵形至棱状长圆形，先端钝，边缘有钝锯齿，两面均有柔毛或上面无毛。花单生于叶腋，花瓣5，倒卵形，

蛇莓

黄色，先端圆钝。瘦果卵形，光滑或具不明显突起，鲜时有光泽。花期6～8月，果期8～10月。

【分布】生于山坡、河岸、草地、潮湿的地方。分布于辽宁以南各地。

【药用】6～11月采收全草。有清热解毒、散瘀消肿、凉血止血的功效。主治热病、惊痫、咳嗽、吐血、咽喉肿痛、痢疾、痈肿、疔疮、蛇虫咬伤、汤火伤、感冒、黄疸、目赤、口疮、痄腮、崩漏、月经不调、跌打肿痛。煎服，9～15克（鲜者30～60克）；或捣汁。外用适量捣敷或研末撒。

【毒性】有文献记载全草有小毒，但据《中华本草》记载小鼠动物实验未发现明显异常。

蛇含委陵菜

【识别】一年生或多年生宿根草本。茎平卧，具匍匐茎。基生叶为近于鸟足状5小叶；小叶片倒卵形或长圆卵形，边缘有多数急尖或圆钝锯齿；下部茎生叶有5小叶，上部茎生叶有3小叶，与基生叶相似。聚伞花序密集枝顶如假伞形，花瓣5，倒卵形，先端微凹，黄色。瘦果近圆形。花、果期4～9月。

【分布】生于田边、水旁、草甸及山坡草地。分布于华东、中南、西南及辽宁、陕西、西藏等地。

【药用】在5月和9～10月挖取全草（蛇含），去杂质，晒干。有清热定惊、截疟、止咳化痰、解毒活血的功

蛇含委陵菜

效。主治高热惊风、疟疾、肺热咳嗽、百日咳、痢疾、疮疖肿毒、咽喉肿痛、风火牙痛、带状疱疹、目赤肿痛、虫蛇咬伤、风湿麻木、跌打损伤、月经不调、外伤出血。煎服，9～15克，鲜品倍量。外用适量，煎水洗或捣敷。

【食用】春季采集嫩茎叶，洗净，用沸水焯熟，再用清水反复漂洗去除苦味，可炒食、凉拌。

朝天委陵菜

【识别】一年生或二年生草本，茎平展，上升或直立。基生叶羽状复叶，有小叶2～5对，小叶片长圆形或倒卵状长圆形，边缘有圆钝或缺刻状锯齿；茎生叶与基生叶相似。伞房状聚伞花序，花瓣5，黄色，倒卵形，顶端微凹。花、果期3～10月。

【分布】生于田边、路旁、沟边或沙滩等湿润草地。分布于东北、华北、西南、西北及河南、山东、江西等省区。

【药用】6～9月枝叶繁茂时割取全草，鲜用或晒干。味苦。有清热解毒、凉血、止痢的功效。主治感冒发热、肠炎、热毒泻痢、痢疾、各种出血；鲜品外用于疮毒痈肿及蛇虫咬伤。煎服，10～20克；外用适量，鲜品捣敷。

【食用】采集幼苗或嫩茎叶，用沸水焯熟，再用清水浸洗多次去除苦味，挤出汁液后可炒食、凉拌、做汤。

朝天委陵菜

二、草质藤本

（一）单叶

1. 叶不分裂

（1）叶互生

何首乌

【识别】多年生缠绕藤本。叶互生，具长柄，叶片狭卵形或心形，全缘或微带波状。圆锥花序；花小，花被绿白色，5裂，大小不等，外面3片的背部有翅。瘦果椭圆形，有3棱，黑色，光亮，外包宿存花被，花被具明显的3翅。花期8～10月，果期9～11月。

【分布】分布于华东、中南及河北、山西、陕西、甘肃、台湾、四川、贵州、云南等地。

【药用】秋、冬二季采割藤茎（首乌藤），除去残叶，捆成把或趁鲜切段，干燥。有养血安神、祛风通络的功效；主治失眠多梦、血虚身痛、风湿痹痛、皮肤瘙痒；煎服，9～15克。秋、冬二季叶枯萎时采挖块根（何首乌），削去两端，洗净，个大的切成块，干燥。有解毒、消痈、截疟、润肠通便的功效；主治疮痈、瘰疬、风疹瘙痒、久疟体虚、肠燥便秘。煎服，10～30克。

何首乌

【食用】春季采集嫩茎叶，用沸水焯熟，再用清水浸洗，可炒食。秋末挖掘块根，洗净去皮，可炒食、炖食、煮粥。

羊乳

【识别】多年生缠绕草本，全株有乳汁，具特异臭气。茎无毛，有多数短分枝。主茎上的叶互生，细小，短枝上的叶4片簇生，椭圆形或菱状卵形，叶缘有刚毛，近无柄。花单生，花冠钟状，5浅裂，黄绿色，内有紫色斑点。蒴果下部半球状，上部有喙；种子有翼。花期7～8月，果期9～10月。

【分布】分布于东北、华北、华东、中南及贵州、陕西。

【药用】春、秋季挖根（四叶参），除去须根，纵切晒干；或蒸后切片晒干。有益气、养阴、消肿、解毒的功效。主治身体虚弱、四肢无力、头晕头痛、阴虚咳嗽、乳汁不足、肺脓疡、乳腺炎、疔疮、虫咬等。煎服，15～30克；鲜品倍量，捣汁用。

【食用】春夏季节采摘嫩苗或嫩叶，用沸水焯熟，再用清水泡数小时后捞出，炒食；秋季挖根，可煮食或炒食，也可腌制咸菜。

羊乳

粉防己

【识别】多年生缠绕藤本。茎柔韧，圆柱形，具细条纹。单叶互生，纸质，阔三角形，有时三角状近圆形，顶端有凸尖，基部微凹或近截平，两面被贴伏短柔毛；掌状脉9~10条，叶柄盾状着生。头状聚伞花序，花瓣4。核果球形，熟时红色。花期4~5月，果期5~6月。

粉防己

【分布】分布浙江、安徽、江西、福建、广东、广西。

【药用】秋季采挖根，洗净，除去粗皮，晒至半干，切段，干燥。有祛风止痛、利水消肿的功效。主治风湿痹痛、水肿脚气、小便不利、湿疹疮毒。煎服，4.5~9克。

【毒性】根、叶有毒。

杠板归

【识别】一年生草本，茎攀援，长1～2米；茎有棱，棱上有倒钩刺。叶互生；叶柄盾状着生；托叶鞘叶状，圆形或卵形，抱茎；叶片近三角形，下面叶脉疏生钩刺。短穗状花序顶生或生于上部叶腋；花小，多数，具苞，苞片圆形，花被白色或淡红色，5裂，裂片卵形，果时增大，肉质，变为深蓝色。瘦果球形，暗褐色，有光泽。花期6～8月，果期9～10月。

【分布】全国均有分布。

【药用】夏季开花时采割地上部分，晒干。有清热解毒、利水消肿、止咳的功效。主治咽喉肿痛、肺热咳嗽、小儿顿咳、水肿尿少、湿热泻痢、湿疹、疖肿、蛇虫咬

杠板归

伤。煎服，15～30克。外用适量，煎汤熏洗。

【食用】春季采摘嫩叶，用沸水焯熟后，再用清水浸洗，可凉拌、炒食。不可大量、长期食用。

圆叶牵牛

【识别】一年生缠绕草本，茎上被倒向的短柔毛，杂有倒向或开展的长硬毛。叶圆心形或宽卵状心形，基部圆心形，通常全缘，两面疏或密被刚伏毛。花腋生，单一或2～5朵着生于花序梗顶端成伞形聚伞花序；花冠漏斗状，紫红色、红色或白色，花冠管通常白色。蒴果近球形，3瓣裂。种子卵状三棱形，黑褐色或米黄色。

【分布】全国各地多有分布。

【药用】秋季果实成熟、果壳未开裂时采割植株，晒

圆叶牵牛

干，打下种子，除去杂质。有泻水通便、消痰涤饮、杀虫攻积的功效。主治水肿胀满、二便不通、痰饮积聚、气逆喘咳、虫积腹痛。煎服，3～9克。

【毒性】全株有毒，种子毒性最大。

嘉兰

【识别】攀援植物。茎长2～3米或更长。叶通常互生，披针形，长7～13厘米，先端尾状并延伸成很长的卷须（最下部的叶例外），基部有短柄。花美丽，单生于上部叶腋或叶腋附近，花被片条状披针形，反折，由于花俯垂而向上举，基部收狭而多少呈柄状，边缘皱波状，上半部亮红色，下半部黄色，宿存。花期7～8月。

【分布】分布于云南南部（西双版纳）。

嘉兰

【药用】有止咳、平喘、镇痛、抗癌的功效。为提取秋水仙碱的原料。

【毒性】全株有毒，根状茎有剧毒，含秋水仙碱。

黄独

【识别】多年生草质缠绕藤本。茎圆柱形，长可达数米，绿色或紫色，光滑无毛；叶腋内有紫棕色的球形或卵形的珠芽。叶互生；叶片广心状卵形，先端尾状，基部宽心形，全缘，基出脉7～9条；叶柄扭曲，与叶等长或稍短。穗状花序腋生，小花黄白色，花被6片，披针形。蒴果反折下垂，三棱状长圆形，表面密生紫色小斑点。花期8～9月。果期9～10月。

黄独

【分布】分布于华东、中南、西南及陕西、甘肃、台湾等地。

【药用】秋冬两季采挖块茎（黄药子）。除去根叶及须根，洗净，切片晒干生用。有化痰散结消瘿、清热凉血解毒的功效。主治瘿瘤痰核、癥瘕痞块、疮痈肿毒、咽喉肿痛、蛇虫咬伤。煎服，5～15克；研末服，1～2克。外用适量，鲜品捣敷，或研末调敷，或磨汁涂。本品有毒，不宜过量。

【毒性】块根有毒。

千里光

【识别】多年生攀援草本。茎曲折，多分枝。叶互生，具短柄；叶片披针形至长三角形，边缘有浅或深齿，或叶的下部2～4对深裂片。头状花序顶生，排列成伞房花序状；周围舌状花黄色，中央管状花黄色。瘦果圆筒形。花期10月到翌年3月，果期2～5月。

千里光

347

【分布】分布于华东、中南、西南及陕西、甘肃、广西、西藏等地。

【药用】全年均可采收地上部分，除去杂质，阴干。有清热解毒、明目、利湿的功效。主治痈肿疮毒、感冒发热、目赤肿痛、泄泻痢疾、皮肤湿疹。煎服，9～15克，鲜品30克。外用适量。

【毒性】全株有毒，可引起肝损伤。

北马兜铃

【识别】草质藤本。叶纸质，叶片卵状心形或三角状心形，先端短尖或钝，基部心形，两侧裂片圆形，边全缘，基出脉5～7条。总状花序叶腋生；花被基部膨大呈球形，向上收狭呈一长管，管口扩大呈漏斗状；檐部一侧极短，另一侧渐扩大成舌片，舌片卵状披针形，先端长渐尖具延伸成1～3厘米线形而弯扭的尾尖，黄绿色，常具紫色纵脉

北马兜铃

和网纹。蒴果宽倒卵形或椭圆状倒卵形，6棱。花期5～7月，果期8～10月。

【分布】分布于东北、华北等地。

【药用】① 地上部分（天仙藤）：秋季采割，除去杂质，晒干。有行气活血、通络止痛的功效；主治脘腹刺痛、风湿痹痛；煎服，4.5～9克。② 成熟果实（马兜铃）：秋季果实由绿变黄时采收，干燥；有清肺降气、止咳平喘、清肠消痔的功效；主治肺热咳喘、痰中带血、肠热痔血、痔疮肿痛；煎服，3～10克；外用适量，煎汤熏洗。

【毒性】根有毒，茎、叶、果含马兜铃酸，对肾有损害。

马兜铃

【识别】草质藤本。茎柔弱，无毛。叶互生，卵状三角形、长圆状卵形或戟形，先端钝圆或短渐尖，基部心形，两侧裂片圆形，下垂或稍扩展；基出脉5～7条。花单生或2朵聚生于叶腋；花被长3～5.5厘米，基部膨大呈球形，向上收狭成一长管，管口扩大成漏斗状，黄绿色，口部有紫斑，内面有腺体状毛；檐部一侧极短，另一侧渐延伸成舌片；舌片卵状披针形，顶端钝。蒴果近球形，先端圆形而微凹，具6棱。花期7～8月，果期9～10月。

【分布】分布于山东、河南及长江流域以南各地。

【药用】【毒性】同北马兜铃。

马兜铃

白英

【识别】草质藤本。叶互生，叶片多为戟形或琴形，先端渐尖，基部心形，上部全缘或波状，下部常有1～2对耳状或戟状裂片，少数为全缘，中脉明显。聚伞花序顶生或腋外侧生；花冠蓝紫色或白色，5深裂，裂片自基部向下反折。浆果球形，熟时红色。花期7～9月，果期10～11月。

【分布】分布于华东、中南、西南及山西、陕西、甘肃、台湾等地。

【药用】夏、秋季采收全草，鲜用或晒干。有清热利

白英

湿、解毒消肿的功效。主治湿热黄疸、胆囊炎、胆石症、肾炎水肿、风湿关节痛、痈肿瘰疬、湿疹瘙痒、带状疱疹。煎服，15～30克，鲜者30～60克；外用适量，煎水洗、捣敷涂。

【毒性】全株有小毒。

（2）叶对生

鹅绒藤

【识别】草质藤本。叶对生，叶片宽三角状心形，先端

鹅绒藤

锐尖，基部心形叶面深绿色，叶背苍白色，两面均被短柔毛。伞形聚伞花序腋生，二歧，有花约20朵；花冠白色裂片5，长圆状披针形；副花冠二形，杯状，上端裂成10个丝状体，分为2轮；外轮约与花冠裂片等长，内轮略短。蓇葖果双生或仅有1个发育，细圆柱状，向端部渐尖。种子长圆形，先端具白色绢质种毛。花期6～8月，果期8～10月。

【分布】分布辽宁、内蒙古、河北、山西、陕西、宁夏、甘肃、河南及华东等地。

【药用】夏、秋间随采茎中的白色乳汁及根随用。有化瘀解毒的功效。主治寻常性疣。煎服3～15克；外用取汁涂抹患处。

【食用】春季采摘嫩叶，洗净后，沸水焯烫，清水淘洗去除苦味，可以加油盐凉拌、素炒或炒肉丝，也可以制作菜汤。

萝藦

【识别】多年生草质藤本。叶对生，膜质，叶片卵状心形，基部心形，叶耳圆。总状式聚伞花序腋生；花冠白色，有淡紫红色斑纹，近辐状；花冠短5裂，裂片兜状。果叉生，纺锤形。种子扁平，先端具白色绢质毛。花期7～8月，果期9～12月。

【分布】分布于东北、华北、华东及陕西、甘肃、河南、湖北、湖南、贵州等地。

【药用】7～8月采收全草，鲜用或晒干。块根夏、秋季采挖，洗净，晒干。有补精益气、通乳、解毒的功效。主治阳痿、遗精白带、乳汁不足、丹毒、瘰疬、疔疮、蛇虫咬伤。煎服，15～60克。外用鲜品适量，捣敷。

萝藦

【食用】采摘未开花幼芽，用沸水焯熟，再用清水浸洗，可凉拌、炒食、做汤。8月采摘嫩果实，可油炸、炒食。

蔓生白薇

【识别】多年生藤本，茎上部缠绕，下部直立，全株被绒毛。叶对生，纸质，宽卵形或椭圆形，基部圆形或近心形，两面被黄色绒毛，边具绿毛；侧脉6～8对。聚伞花序腋生，着花10余朵；花冠初呈黄白色，渐变为黑紫色，枯干时呈暗褐色，钟状辐形。蓇葖果单生，宽披针形；种子宽卵形，暗褐色种毛白色绢质。花期5～8月，果期7～9月。

【分布】分布于吉林、辽宁、河北、河南、四川、山东、江苏和浙江等地。

【药用】春、秋季采挖根茎，干燥。有清热凉血、利尿通淋、解毒疗疮的功效。主治温邪伤营发热、阴虚发热、骨蒸劳热、产后血虚发热、热淋、血淋、痈疽肿毒。煎服，4.5～9克。

【食用】春季采摘嫩叶，用沸水焯熟，可凉拌。秋季采摘嫩角果，煮熟后即可食用。

蔓生白薇

【识别】茎柔弱，分枝较少，茎端通常伸长而缠绕。叶对生或近对生，叶线形或线状长圆形。伞形聚伞花序腋生，花较小、较多；花冠绿白色，副花冠杯状。蓇葖果纺锤形，先端渐尖，中部膨大；种子扁平，暗褐色，种毛白色绢质。花果期3～9月。

【分布】分布于辽宁、内蒙古、河北、河南、山东、陕西、江苏等省区。

【药用】夏、秋季采收全草、洗净、晒干。有补肺气、清热降火、生津止渴、消炎止痛的功效。主治虚火上炎、咽喉疼痛、气阴不足、神疲健忘、虚烦口渴、头昏失眠、产后体虚、乳汁不足。煎汤服，15～30克。

【食用】8月采摘嫩果实，可生食、油炸、炒食。

雀瓢

隔山消

【识别】多年生草质藤本，肉质根近纺锤形，灰褐色。叶对生，叶片薄纸质，卵形，基部耳状心形，两面被微柔毛；基脉3～4条，放射状，侧脉4对。近伞房状聚伞花序半球形，花冠淡黄色，辐状，裂片长圆形，副花冠裂片近四方形。蓇葖果单生，披针形；种子卵形，顶端具白色绢质种毛。花期5～9月，果期7～10月。

【分布】分布于辽宁、山西、陕西、甘肃、新疆、山东、江苏、安徽、河南、湖北、湖南和四川等地。

【药用】秋季采收根茎，洗净，切片，晒干。有补肝肾、强筋骨、健脾胃、解毒的功效。主治肝肾两虚、头昏眼花、失眠健忘、须发早白、阳痿、遗精、腰膝酸软、脾虚不运、脘腹胀满、食欲不振、泄泻、产后乳少。煎汤服，9～15克；外用鲜品适量，捣敷。

隔山消

【食用及毒性】有文献记载其根部有毒，也有文献记载其根部无毒。有关文献关于食用的记载为：秋末至翌年初春挖掘块茎，洗净，去皮，可炖菜、烧食。建议食用时控制食用量，可以参考药用量食用。

鸡矢藤

【识别】多年生草质藤本，全株均被灰色柔毛，揉碎后有恶臭。叶对生，有长柄，卵形或狭卵形，基部圆形或心形，全缘。伞状圆锥花序；花冠筒钟形，外面灰白色，内面紫色，5裂。果球形，淡黄色。花期8月，果期10月。

【分布】主要分布于我国南方各省。

【药用】夏季采收地上部分，秋冬挖掘根部。洗净，地上部分切段，根部切片，鲜用或晒干。有消食、止痛、解毒、祛湿的功效。主治食积不化、胁肋脘腹疼痛、湿疹、疮疡肿痛。煎服，10～30克。外用适量，捣敷或煎水洗。

【毒性】全草有小毒。

鸡矢藤

大百部

【识别】块根通常纺锤状，长达30厘米。茎常具少数分枝，攀援状。叶对生或轮生，卵状披针形、卵形或宽卵形，边缘稍波状，纸质或薄革质；叶柄长3～10厘米。花单生或2～3朵排成总状花序，生于叶腋，花被片黄绿色带紫色脉纹。蒴果光滑，具多数种子。花期4～7月，果期7～8月。

【分布】分布于台湾、福建、广东、广西、湖南、湖北、四川、贵州、云南等地。

大百部

【药用】春、秋二季采挖块根（百部），除去须根，洗净，置沸水中略烫或蒸至无白心，取出，晒干。有润肺下气止咳、杀虫灭虱的功效。主治新久咳嗽、肺痨咳嗽、顿咳；外用于头虱、体虱、蛲虫病、阴痒；蜜百部有润肺止咳的功效，主治阴虚劳嗽。煎服，5～15克。外用适量。

【毒性】块根有毒。

党参

【识别】多年生草本。茎缠绕，长而多分枝。叶对生、互生或假轮生；叶片卵形、广卵形，全缘或微波状。花单生，花梗细；花冠阔钟形，淡黄绿，有淡紫堇色斑点，先端5裂，裂片三角形至广三角形。蒴果圆锥形，有宿存萼。花期8~9月，果期9~10月。

【分布】生于山地灌木丛中及林缘，分布东北及河北、河南、山西、陕西、甘肃、内蒙古、青海等地。

【药用】秋季采挖根，晒干。味甘。有健脾益肺、养血生津的功效。主治脾肺气虚、食少倦怠、咳嗽虚喘、气血不足、面色萎黄、心悸气短、津伤口渴、内热消渴。煎服，9~30克。

【食用】秋季采挖根，去残茎，洗净，可煮粥、炖菜、做馅。也可晒干备用。

党参

（3）叶轮生

茜草

【识别】多年生攀援草本。茎四棱形，棱上生多数倒生的小刺。叶四片轮生，具长柄；叶片形状变化较大，卵形、三角状卵形、宽卵形至窄卵形，上面粗糙，下面沿中脉及叶柄均有倒刺，全缘，基出脉5。聚伞花序圆锥状，腋生及顶生；花小，黄白色；花冠辐状，5裂，裂片卵状三角形。浆果球形。花期6～9月，果期8～10月。

【分布】分布于全国大部分地区。

【药用】春、秋二季采挖根和根茎，除去泥沙，干燥。有凉血、祛瘀、止血、通经的功效。主治吐血、衄血、崩

茜草

漏、外伤出血、瘀阻经闭、关节痹痛、跌扑肿痛。煎服，10 ～ 15克，大剂量可用30克。

【食用】春季采摘嫩叶，用开水焯烫，换清水浸泡，淘洗干净后凉拌或炒食。秋季采摘种子，可直接食用。

拉拉藤

【识别】一年蔓生或攀援草本，茎绿色，多分枝，具四棱，沿棱有倒生毛。叶4 ～ 8片轮生；近无柄；叶片线状披针形至椭圆状披针形，上面绿色，被倒白刺毛。聚伞花序腋生或顶生，花黄绿色，花冠4裂，裂片长圆形。果实干燥，表面密生钩刺。花期4 ～ 5月，果期6 ～ 8月。

【分布】生于路边、荒野、田埂边及草地上。分布全

拉拉藤

国各地。

【药用】秋季采收全草，鲜用或晒干。有清热解毒、利尿通淋、消肿止痛的功效。主治痈疽肿毒、乳腺炎、阑尾炎、水肿、感冒发热、痢疾、尿路感染、尿血、牙龈出血、刀伤出血。煎服，15～30克；或捣汁饮。外用适量，捣敷。

【毒性】有文献记载拉拉藤有毒，可致癌。

蔓生百部

【识别】块根肉质，成簇，常长圆状纺锤形。茎长达1米许，常有少数分枝，下部直立，上部攀援状。叶2～4枚轮生，纸质或薄革质，卵形、卵状披针形或卵状

蔓生百部

长圆形，边缘微波状，主脉通常5条。花序柄贴生于叶片中脉上，花单生或数朵排成聚伞状花序，花柄纤细，花被片淡绿色，披针形。蒴果卵形，赤褐色。花期5～7月，果期7～10月。

【分布】分布于山东、安徽、江苏、浙江、福建、江西、湖南、湖北、四川、陕西等地。

【药用】春、秋二季采挖块根（百部），除去须根，洗净，置沸水中略烫或蒸至无白心，取出，晒干。有润肺下气止咳、杀虫灭虱的功效。主治新久咳嗽、肺痨咳嗽、顿咳；外用于头虱、体虱、蛲虫病、阴痒；蜜百部有润肺止咳的功效，主治阴虚劳嗽。煎服，5～15克。外用适量。

【毒性】块根有毒。

2. 叶分裂

葎草

【识别】蔓性草本。茎有纵条棱，茎棱和叶柄上密生短倒向钩刺。单叶对生；叶柄长5～20厘米，有倒向短钩刺；掌状叶5～7深裂，裂片卵形或卵状披针形，边缘有锯齿，上面有粗刚毛，下面有细油点。雄花序为圆锥花序，雌花序为短穗状花序；雄花小，具花被片5，黄绿色；雌花每2朵具1苞片，苞片卵状披针形，被白色刺毛和黄色小腺点，花被片1，灰白色。果穗绿色，近球形；瘦果淡黄色，扁球形。花期6～10月，果期8～11月。

葎草

【分布】我国大部分地区有分布。

【药用】9～10月收割地上部分，除去杂质，晒干。有清热解毒、利尿通淋的功效。主治肺热咳嗽、肺痈、虚热烦渴、热淋、水肿、小便不利、湿热泻痢、热毒疮疡、皮肤瘙痒。煎服，10～15克，鲜品30～60克；或捣汁。外用适量，捣敷；或煎水熏洗。非热病者慎用。

【食用】春季采集嫩芽、嫩苗叶，用沸水焯熟，再用清水漂洗，可炒食。

打碗花

【识别】一年生草本，高8～40厘米。具细长白色的根。植株通常矮小，蔓性，光滑，茎自基部分枝，平卧，有细棱。单叶互生，基部叶片长圆形，先端圆，基部戟形，上部叶片3裂，中裂片长圆形或长圆状披针形，侧裂片近三角形，全缘或2～3裂，叶基心形或戟形。花单一腋生，花冠淡紫色或淡红色，钟状。蒴果卵球形，种子黑褐色，表面有小疣。花期夏季。

【分布】全国大部分地区有分布。

【药用】夏、秋季采收全草或根（面根藤），洗净，鲜用或晒干。有健脾、利湿、调经的功效。主治脾胃虚弱、消化不良、小儿吐乳、疳积、五淋、带下、月经不调。煎服，10～30克。

【食用】春季采摘嫩叶，用沸水焯熟后，可以炒食、做粥、做汤等。秋季挖根，洗净后蒸熟食用或炒菜，也可以酿酒或制作饴糖。

打碗花

栝楼

【识别】攀援藤本。茎较粗，具纵棱及槽，被白色伸展柔毛。卷须3～7分歧；叶互生；近圆形或近心形，常3～5浅裂至中裂，裂片菱状倒卵形、长圆形，先端钝、急尖，边缘常再浅裂，基部心形，基出掌状脉5条。花冠白色，裂片倒卵形，两侧具丝状流苏，被柔毛。果实椭圆形。花期5～8月，果期8～10月。

【分布】全国大部分地区有产。

【药用】秋、冬二季采挖根，洗净，除去外皮，切段或纵剖成瓣，干燥。有清热泻火、生津止渴、消肿排脓的功效。主治热病烦渴、肺热燥咳、内热消渴、疮疡肿毒。煎服，10～15克。

【食用】秋季挖根，削去外皮，切断后用水浸泡5天，然后捣烂过滤出细粉，可做面食。果实成熟后采摘，瓜蒌果瓤可以用来煮粥。

栝楼

爬山虎

【识别】落叶木质攀援大藤本。枝条粗壮；卷须短，多分枝，枝端有吸盘。单叶互生，叶片宽卵形，先端常3浅裂，基部心形，边缘有粗锯齿，幼苗或下部枝上的叶较小，常分成3小叶或为3全裂，中间小叶倒卵形，两侧小叶斜卵形，有粗锯齿。聚伞花序，花绿色。浆果，熟时蓝黑色。花期6～7月，果期9月。

【分布】分布于华北、华东、中南、西南各地。

【药用部位】于秋季采收藤茎，去掉叶片，切段；根部于冬季挖取，洗净，切片，晒干或鲜用。有祛风止痛、活血通络的功效。主治风湿痹痛、中风半身不遂、偏正头痛、产后血瘀、腹生结块、跌打损伤、痈肿疮毒、溃疡不敛。煎服，15～30g，或浸酒。外用适量，煎水洗。

爬山虎

【食用】春季采摘嫩茎叶，洗净，沸水焯熟，再用清水浸洗，可凉拌、炒食、做汤。

367

薯蓣

【识别】多年生缠绕草本。茎细长，蔓性，通常带紫色。叶对生或3叶轮生，叶腋间常生珠芽；叶片三角状卵形至三角状广卵形，通常耳状3裂，中央裂片先端渐尖，两侧裂片呈圆耳状，基部戟状心形。花极小，黄绿色，成穗状花序；花被6，椭圆形。蒴果有3翅。花期7～8月，果期9～10月。

【分布】各地皆有栽培。

【药用】冬季茎叶枯萎后采挖根茎（山药），切去根头，洗净，除去外皮和须根，干燥，或趁鲜切厚片，干燥；也有选择肥大顺直的干燥山药，置清水中，浸至无干心，闷透，切齐两端，用木板搓成圆柱状，晒干，打光，习称"光山药"。有补脾养胃、生津益肺、补肾涩精的功

薯蓣

效。主治脾虚食少、久泻不止、肺虚喘咳、肾虚遗精、带下、尿频、虚热消渴。煎服，15～30克。

【食用】冬季茎叶枯萎后采挖根茎，可炒食或做主食食用。

穿龙薯蓣

【识别】多年生缠绕草本。茎左旋，圆柱形。单叶互生，叶片掌状心形，变化较大，边缘作不等大的三角状浅裂、中裂或深裂。花黄绿色，花序腋生，下垂；雄花序复穗状，雌花序穗状；雄花小，钟形，花被片6。蒴果倒卵状椭圆形，具3翅。花期6～8月。

【分布】分布于东北、华北、西北（除新疆）及河南、湖北、山东、江苏、安徽、浙江、江西、四川等地。

穿龙薯蓣

【药用】春、秋二季采挖根茎（穿山龙），洗净，除去须根及外皮，晒干。有祛风除湿、舒筋通络、活血止痛、止咳平喘的功效。主治风湿痹痛、关节肿胀、疼痛麻木、跌扑损伤、闪腰岔气、咳嗽气喘。煎服，10～15克；或酒浸服。外用适量。

蝙蝠葛

【识别】多年生缠绕藤本。小枝绿色。单叶互生，圆肾形或卵圆形，边缘3～7浅裂片近三角形，掌状脉5～7条；叶柄盾状着生。圆锥花序腋生，花小，黄绿色。核果扁球形，熟时黑紫色。花期5～6月，果期7～9月。

【分布】分布于东北、华北、华东及陕西、宁夏、甘肃等地。

【药用】春、秋二季采挖根茎（北豆根），除去须根和泥沙，干燥。有清热解毒、祛风止痛的功效。主治咽喉肿痛、热毒泻痢、风湿痹痛。煎服，3～10克。

【毒性】全株有毒。

蝙蝠葛

木鳖

【识别】多年生粗壮大藤本。卷须较粗壮，不分歧。叶柄粗壮，长5～10厘米；叶卵状心形或宽卵状圆形，质较硬，3～5中裂至深裂或不分裂，叶脉掌状。雄花单生于叶腋，花萼筒漏斗状，裂片宽披针形或长圆形，花冠黄色，裂片卵状长圆形，密被长柔毛；雌花单生于叶腋，苞片兜状，花冠花萼同雄花。果实卵球形，密生3～4毫米的刺状突起。花期6～8月，果期8～10月。

【分布】分布于安徽、浙江、江西、福建、台湾、广东、广西、湖南、四川、贵州、云南和西藏。

【药用】冬季采收成熟果实，剖开，晒至半干，除去果肉，取出种子，干燥。有散结消肿、攻毒疗疮的功效。主治疮疡肿毒、乳痈、痔瘘、干癣、秃疮。外用适量，研末，用油或醋调涂患处。

【食用及毒性】3～6月采摘嫩茎尖，于沸水中焯熟，再用清水漂洗，炒食。种子有毒，勿食用。

木鳖

371

裂叶牵牛

【识别】一年生攀援草本。茎缠绕。叶互生，心脏形，3裂至中部，中间裂片卵圆形，两侧裂片斜卵形，全缘。花2～3朵腋生，花冠漏斗状，先端5浅裂，紫色或淡红色。蒴果球形。花期6～9月。果期7～9月。

【分布】生于山野、田野。全国各地均有分布。

【药用】秋末果实成熟、果壳未开裂时采割植株，晒干，打下种子，除去杂质。有泻水通便、消痰涤饮、杀虫攻积的功效。主治水肿胀满、二便不通、痰饮积聚、气逆喘咳、虫积腹痛。煎服，3～9克。入丸、散服，每次1.5～3克。

【毒性】全株有毒，种子毒性最大。

裂叶牵牛

（二）复叶

野大豆

【识别】一年生缠绕草本。茎细瘦，有黄色长硬毛。三出复叶，顶生小叶卵状披针形，两面有白色短柔毛，侧生小叶斜卵状披针形。总状花序腋生，花梗密生黄色长硬毛，花冠紫红色。荚果长椭圆形，密生黄色长硬毛。种子2～4颗，黑色。花、果期8～9月。

【分布】分布于东北及河北、山西、陕西、甘肃、山东、江苏、安徽、浙江、河南、湖北、湖南、四川、贵州等地。

【药用】秋季采收茎、叶及根，晒干。有清热敛汗、舒筋止痛的功效。主治盗汗、劳伤筋痛、胃脘痛、小儿食积。煎服，30～120克。外用适量，捣敷或研末调敷。

【食用】种子成熟后采集，可以煮食、磨面食。

野大豆

救荒野豌豆

【识别】一年生或二年生草本，高15～90厘米。茎斜升或攀援。偶数羽状复叶，小叶2～7对，长椭圆形或近心形。花腋生，近无梗；萼钟形，花冠紫红色或红色。荚果长圆线形，成熟时背腹开裂，果瓣扭曲。种子圆球形，棕色或黑褐色。花期4～7月，果期7～9月。

【分布】全国各地有分布。

【药用】春季采收嫩茎叶。有清热利湿、和血祛瘀的功效。主治黄疸、浮肿、疟疾、鼻衄、心悸、梦遗、月经不调。煎汤服，25～50克；或炖肉。外用捣敷。

【毒性】全草有毒，以花期和结实期毒性最大。

救荒野豌豆

乌蔹莓

【识别】多年生草质藤本。茎带紫红色，有纵棱；卷须二歧分叉，与叶对生。鸟趾状复叶互生；小叶5，膜质，椭圆形、椭圆状卵形至狭卵形，边缘具疏锯齿，中间小叶较大而具较长的小叶柄，侧生小叶较小。聚伞花序呈伞房状，通常腋生或假腋生；花小，黄绿色，花瓣4。浆果卵圆形，成熟时黑色。花期5~6月；果期8~10月。

【分布】分布于陕西、甘肃、山东、江苏、安徽、浙江、江西、福建、台湾、河南、湖北、广东、广西、四川等地。

【药用】夏、秋季割取藤茎或挖出根部，除去杂质，洗净，切段，晒干或鲜用。有清热利湿、解毒消肿的功效。主治热毒痈肿、疔疮、丹毒、咽喉肿痛、蛇虫咬伤、水火烫伤、风湿痹痛、黄疸、泻痢、白浊、尿血。煎服，15~30克；浸酒或捣汁饮。外用适量，捣敷。

【食用】未开花前采集嫩叶，用沸水焯熟，再用清水漂洗，可凉拌、炒食、腌制咸菜。

乌蔹莓

绞股蓝

【识别】多年生攀缘草本。茎细弱，具纵棱和沟槽。叶互生；卷须纤细，2歧；叶片膜质或纸质，鸟趾状，具5～7小叶，卵状长圆形或长圆状披针形，侧生小叶较小，边缘具波状齿或圆齿。圆锥花序，花冠淡绿色，5深裂，裂片卵状披针形。果实球形，成熟后为黑色。花期3～11月，果期4～12月。

【分布】分布于陕西、甘肃和长江以南各地。

【药用】秋季采收根茎或全草，洗净，晒干，切段，生用。有益气健脾、化痰止咳、清热解毒、化浊降脂的功效。主治脾胃气虚、倦怠食少、肺虚爆咳、咽喉疼痛、高脂血症。煎服，10～20克；亦可泡服。

【食用】未开花前采集嫩茎叶，用沸水焯熟，再用清水漂洗，可炒食、做汤。

绞股蓝

三、木质大藤本

（一）单叶

1. 叶缘整齐

【识别】木质藤本，嫩枝密被柔毛。单叶互生，叶片纸质至近革质，形状变异极大，线状披针形至阔卵状近圆形、狭椭圆形至近圆形、倒披针形至倒心形，有时卵状心形。聚伞花序，腋生或顶生；花淡黄色，花瓣6。核果近球形，成熟时紫红色或蓝黑色。花期5～8月，果期8～10月。

【分布】分布于华东、中南、西南以及河北、辽宁、陕西等地。

【药用】秋季采挖根，除去茎、叶、芦头，洗净，晒干。有祛风除湿、通经活

木防己

络、解毒消肿的功效。主治风湿痹痛、水肿、小便淋痛、闭经、跌打损伤、咽喉肿痛、疮疡肿毒、湿疹、毒蛇咬伤。煎服，5～10克。外用适量，煎水熏洗；捣敷。

【毒性】根、叶有毒，可导致呼吸及心跳停止。

青藤

【识别】落叶缠绕木质藤本。枝绿色，光滑，有纵直条纹。叶互生，叶柄长5～10厘米；叶片近圆形或卵圆形，基部稍心形或近截形，全缘或5～7浅裂，上面光滑，绿色，下面苍白色，掌状脉5条。圆锥花序，花萼黄色，花瓣6片，淡绿色。核果，黑色。花期6～7月。

【分布】分布于河南、安徽、江苏、浙江、福建、广东、广西、湖北、四川、贵州、陕西等地。

青藤

【药用】秋末冬初采割藤茎（青风藤），扎把或切长段，晒干。有祛风湿、通经络、利小便的功效。主治风湿痹痛、关节肿胀、麻痹瘙痒。煎服，6～12克；外用适量。

千金藤

【识别】多年生落叶藤本，长可达5米。老茎木质化，小枝纤细，有直条纹。叶互生，叶柄长5～10厘米，盾状着生；叶片阔卵形或卵圆形，先端钝或微缺，基部近圆形或近平截，全缘，上面绿色，有光泽，下面粉白色，掌状脉7～9条。复伞形聚伞花序，花瓣3。核果近球形，红色。花期6～7月，果期8～9月。

【分布】分布于江苏、安徽、浙江、江西、福建、台湾、河南、湖北、湖南、四川等地。

千金藤

【药用】7～8月采收茎叶，晒干；9～10月挖根，洗净晒干。有清热解毒、祛风止痛、利水消肿的功效。主治咽喉肿痛、痈肿疮疖、毒蛇咬伤、风湿痹痛、胃痛、脚气水肿。煎服，9～15克。外用适量，研末撒或鲜品捣敷。

【毒性】全株有毒。

钩藤

【识别】常绿木质藤本。叶腋有成对或单生的钩，向下弯曲，先端尖。叶对生，叶片卵形、卵状长圆形或椭圆形，全缘。头状花序单个腋生或为顶生的总状花序式排列，花黄色。蒴果倒卵形或椭圆形。花期6～7月，果期10～11月。

【分布】分布于浙江、福建、广东、广西、江西、湖南、四川、贵州等地。

钩藤

【药用】秋、冬二季采收带钩茎枝，去叶，切段，晒干。有息风定惊、清热平肝的功效。主治肝风内动、惊痫抽搐、高热惊厥、小儿惊啼、头痛眩晕。煎服，3～12克；入煎剂宜后下。

【毒性】全草有毒，种子和叶毒性最大。

忍冬

【识别】多年生半常绿缠绕木质藤本。叶对生，叶片卵形、长圆卵形或卵状披针形，全缘。花成对腋生，花冠唇形，上唇4浅裂，花冠筒细长，上唇4裂片，先端钝形，下唇带状而反曲，花初开时为白色，2～3天后变金黄色。浆果球形，成熟时蓝黑色。花期4～7月，果期6～11月。

【分布】我国南北各地均有分布。

【药用】夏初花开放前采收花蕾或待初开的花（金银花），干燥。有清热解毒、疏散风热的功效。主治痈肿疔疮、喉痹、丹毒、热毒血痢、风热感冒、温病发热。煎服，6～15克。

【食用】3～5月采摘未开花嫩叶，用沸水焯熟，再用清水漂洗，可炒食、做汤。3～5月采摘嫩花，用沸水焯熟，可做汤。

忍冬

菝葜

【识别】攀缘状灌木。茎疏生刺。叶互生，叶柄长5～15毫米，具宽0.5～1毫米的狭鞘；叶片薄革质或坚纸质，卵圆形或圆形、椭圆形，长3～10厘米，宽1.5～5厘米，基部宽楔形至心形。伞形花序生于叶尚幼嫩的小枝上，具十几朵或更多的花，常呈球形；花绿黄色，外轮花被片3，长圆形，内轮花被片稍狭。浆果熟时红色，有粉霜。花期2～5月，果期9～11月。

【分布】分布于华东、中南、西南及台湾等地。

【药用】2月或8月采挖根茎，除去泥土及须根，晒干。有祛风利湿、解毒消痈的功效。主治风湿痹痛、淋浊、带下、泄泻、痢疾、痈肿疮毒、顽癣、烧烫伤。煎服，10～30克；或浸酒。

菝葜

【食用】春季采集未开花的嫩茎叶，用沸水焯熟，再用清水浸泡除去异味，可凉拌、炒食、做汤。

光叶菝葜

【识别】攀援灌木，茎光滑，无刺。单叶互生，革质，披针形至椭圆状披针形，基出脉3～5条；叶柄略呈翅状，常有纤细的卷须2条。伞形花序单生于叶腋，花绿白色，六棱状球形。浆果球形，熟时黑色。花期7～8月。果期9～10月。

【分布】长江流域及南部各省均有分布。

【药用】夏、秋二季采挖根茎（土茯苓），除去须根，洗净，干燥；或趁鲜切成薄片，干燥。有解毒、除湿、通利关节的功效。主治筋骨疼痛、湿热淋浊、带下、痈肿、疥癣。煎服，15～60克。

【食用】根状茎富含淀粉，可供食用。

光叶菝葜

383

薜荔

【识别】常绿攀援或匍匐灌木。叶二型；营养枝上生不定根，攀援于墙壁或树上，叶小而薄，叶片卵状心形，膜质；繁殖枝上无不定根，叶较大，互生，叶片厚纸质，卵状椭圆形，全缘，基出脉3条。花序托单生于叶腋，梨形或倒卵形，顶部截平，成熟时绿带浅黄色或微红。花期5～6月，果期9～10月。

【分布】分布于华东、中南、西南等地。

【药用】全年均可采收其带叶的茎枝，鲜用或晒干。有祛风除湿、活血通络、解毒消肿的功效。主治风湿痹痛、坐骨神经痛、泻痢、尿淋、水肿、疟疾、闭经、产后瘀血腹痛、咽喉肿痛、睾丸炎、漆疮、痈疮肿毒、跌打损伤。煎服，9～15克（鲜品60～90克）；捣汁、浸酒或研末。外用适量，捣汁涂或煎水熏洗。

【食用】采摘成熟隐头果，可用于炖菜、制果饮料、制凉粉。

薜荔

常春藤

【识别】多年生常绿攀援灌木。单叶互生，叶二型；不育枝上的叶为三叉状卵形或戟形，全缘或三裂；花枝上的叶椭圆状披针形至椭圆状卵形，全缘；叶上表面深绿色，有光泽。伞形花序单个顶生，或2～7个总状排列或伞房状排列成圆锥花序；花瓣5，三角状卵形，淡黄白色或淡绿白色。果实圆球形，红色或黄色。花期9～11月，果期翌年3～5月。

【分布】分布于西南及陕西、甘肃、山东、浙江、江西、福建、河南、湖北、湖南、广东、广西、西藏等地。

【药用】在生长茂盛季节采收茎叶，切段晒干；鲜用时可随采随用。有祛风、利湿、平肝、解毒的功效。主治风湿痹痛、瘫痪、口眼歪斜、衄血、月经不调、跌打损伤、咽喉肿痛、疔疖痈肿、肝炎、蛇虫咬伤。煎服，6～15克，研末；或浸酒，捣汁。外用适量，捣敷或煎汤洗。

常春藤

【毒性】枝叶及果实有毒。

385

丁公藤

【识别】高大攀援灌木，小枝圆柱形，灰褐色。叶革质，卵状椭圆形或长圆状椭圆形。聚伞花序成圆锥状，腋生和顶生，密被锈色短柔毛；花冠白色，芳香，深5裂，瓣中带密被黄褐色绢毛，小裂片长圆形，边缘啮蚀状。浆果球形，干后黑褐色。

【分布】分布于云南东南部、广西西南至东部、广东。

【药用】全年均可采收藤茎，切段或片，晒干。有祛风除湿、消肿止痛的功效。主治风湿痹痛、半身不遂、跌扑肿痛。煎服，3～6克；或配制酒剂，内服或外搽。

【毒性】全株有毒，中毒表现为汗出不止、四肢麻痹。

丁公藤

386

钩吻

【识别】常绿藤本。枝光滑，幼枝具细纵棱。单叶对生，叶片卵状长圆形至卵状披针形，全缘。聚伞花序多顶生，三叉分枝；花小，黄色，花冠漏斗形，先端5裂，内有淡红色斑点，裂片卵形。蒴果卵状椭圆形，下垂，基部有宿萼，果皮薄革质。种子长圆形，多数，具刺状突起，边缘有翅。花期5～11月，果期7月至翌年2月。

【分布】分布于浙江、江西、福建、台湾、湖南、广东、海南、广西、贵州、云南等地。

【药用】全年均可采全株，切段，晒干或鲜用。有祛风攻毒、散结消肿、止痛的功效。主治疥癞、湿疹、瘰疬、痈肿、疔疮、跌打损伤、风湿痹痛、神经痛。外用适量，捣敷；或研末调敷；或煎水洗；或烟熏。

【毒性】全株有剧毒，解毒可用鲜羊血灌服。

钩吻

络石

【识别】常绿攀援灌木。茎赤褐色。单叶对生，叶片椭圆形或卵状披针形，全缘。聚伞花序腋生，花白色，花冠5裂，裂片长椭圆状披针形，右向旋转排列。蓇葖果长圆柱形。花期4～5月，果期10月。

【分布】分布于华东、中南、西南及河北、陕西、台湾等地。

【药用】冬季至次春采割带叶藤茎（络石藤），除去杂质，晒干。有祛风通络、凉血消肿的功效。主治风湿热痹、筋脉拘挛、腰膝酸痛、喉痹、跌扑损伤。煎服，6～12克。外用适量，鲜品捣敷。

【毒性】全株有毒。

络石

杠柳

【识别】落叶缠绕灌木。单叶对生，叶片披针形或长圆状披针形，全缘。聚伞花序腋生或顶生，花一至数朵，花冠外面绿黄色，内面带紫红色，深5裂，裂片矩圆形，向外反卷，边缘密生白茸毛。种子狭纺锤形而扁，黑褐色，顶端丛生白色长毛。花期5月，果期9月。

【分布】分布吉林、辽宁、内蒙古、河北、山西、河南、陕西、甘肃、宁夏、四川、山东、江苏等地。

【药用】春、秋二季采挖根，剥取根皮，晒干。有毒。有利水消肿、祛风湿、强筋骨的功效。主治下肢浮肿、心悸气短、风寒湿痹、腰膝酸软。煎服，3～6克。浸酒或入丸、散，酌量。

【毒性】全株有大毒。

杠柳

使君子

【识别】落叶攀援状灌木。幼枝被棕黄色短柔毛。叶对生，膜质，卵形或椭圆形，全缘，叶柄下部有关节，叶落后关节以下部分成为棘状物。顶生穗状花序组成伞房状花序，花瓣5，先端钝圆，初为白色，后转淡红色。果卵形，具明显的锐棱5条。花期5～9月，果期秋末。

【分布】分布于西南及江西、福建、台湾、湖南、广东、广西等地。

【药用】秋季果皮变紫黑色时采收，除去杂质，干燥。有杀虫消积的功效。主治蛔虫病、蛲虫病、虫积腹痛、小儿疳积。煎服，9～12克，捣碎；取仁炒香嚼服，6～9克。小儿每岁1～1.5粒，一日总量不超过20粒。空腹服用，每日1次，连用3天。

【毒性】果实有小毒。

使君子

2. 叶缘有齿

北五味子

【识别】落叶木质藤本。茎皮灰褐色，皮孔明显，小枝褐色。叶互生，柄细长；叶片卵形、阔倒卵形至阔椭圆形，边缘有小齿牙。花单生或丛生叶腋，乳白色或粉红色，花被6～7片。浆果球形，成熟时呈深红色。花期5～7月，果期8～9月。

【分布】分布东北、华北、湖北、湖南、江西、四川等地。

【药用】秋季果实成熟时采摘，晒干或蒸后晒干，除去果梗和杂质。有收敛固涩、益气生津、补肾宁心的功效。主治久嗽虚喘、梦遗滑精、遗尿尿频、久泻不止、自汗盗汗、津伤口渴、内热消渴、心悸失眠。煎服，3～6克。

【食用】春季采集幼嫩叶，用沸水焯熟，再用清水多次漂洗，可凉拌、炒食。果实成熟时采集，可炒食、做甜羹。

北五味子

华中五味子

【识别】老枝灰褐色，皮孔明显，小枝紫红色。叶互生，纸质；叶柄长1～3厘米，带红色；叶片倒卵形、宽卵形或倒卵状长椭圆形，边缘有疏生波状细齿。花橙黄色，单生或1～3朵簇生于叶腋，花被5～8，排成2～3轮。果序长3.5～10厘米，小浆果球形，成熟后鲜红色。花期4～6月，果期8～9月。

【分布】分布于东北、华北、湖北、湖南、江西、四川等地。

【药用】【食用】同北五味子。

华中五味子

南蛇藤

【识别】落叶攀援灌木。小枝圆柱形，灰褐色，有多数皮孔。单叶互生，叶片近圆形、宽倒卵形或长椭圆状倒卵形，边缘具钝锯齿。短聚伞花序腋生，有花5～7朵，花淡黄绿色，花瓣5，卵状长椭圆形。蒴果球形，种子卵形至椭圆形，有红色肉质假种皮。花期4～5月，果熟期9～10月。

【分布】分布于东北、华北、西北、华东及湖北、湖南、四川、贵州、云南。

【药用】春、秋季采收藤茎，鲜用或切段晒干。有祛风除湿、通经止痛、活血解毒的功效。主治风湿关节痛、四肢麻木、瘫痪、头痛、牙痛、疝气、痛经、闭经、小儿惊风、跌打扭伤、痢疾、带状疱疹。煎服，9～10克；或浸酒。

【毒性】全株有毒。根皮浸液可杀蔬菜害虫。

南蛇藤

扶芳藤

【识别】常绿灌木，匍匐或攀援，茎枝常有多数细根及小瘤状突起。单叶对生，具短柄，叶片薄革质，椭圆形、椭圆状卵形至长椭圆状倒卵形，边缘具细齿。聚伞花序腋生，呈二歧分枝，花瓣4，绿白色。蒴果黄红色，近球形；种子被橙红色假种皮。花期6～7月，果期9～10月。

【分布】分布于山西、陕西、山东、江苏、安徽、浙江、江西、河南、湖北、湖南、广西、贵州、云南。

【药用】全年均可采带叶茎枝，清除杂质，切碎，晒干。有舒筋活络、益肾壮腰、止血消瘀的功效。主治肾虚腰膝酸痛、半身不遂、风湿痹痛、小儿惊风、咯血、吐

扶芳藤

血、血崩、月经不调、子宫脱垂、跌打骨折、创伤出血。煎服，15～30克；或浸酒；外用适量，研粉调敷，或捣敷，或煎水熏洗。

【食用】春季采集嫩茎叶，洗净，用沸水烫一下，再换清水漂洗，可凉拌、炒食、做汤。

中华猕猴桃

【识别】藤本。幼枝与叶柄密生灰棕色柔毛，老枝无毛。单叶互生，叶片纸质，圆形、卵圆形或倒卵形，边缘有刺毛状齿，上面暗绿色，仅叶脉有毛，下面灰白色，密生灰棕色星状绒毛。花单生或数朵聚生于叶腋；花瓣5，刚开放时呈乳白色，后变黄色。浆果卵圆形或长圆形，密

中华猕猴桃

生棕色长毛，有香气。种子细小，黑色。花期6～7月，果熟期8～9月。

【分布】分布于中南及陕西、四川、江苏、安徽、浙江、江西、福建、贵州、云南等地。

【药用】9月中、下旬至10月上旬采摘成熟果实，鲜用或晒干用。有解热、止渴、健胃、通淋的功效。主治烦热、消渴、肺热干咳、消化不良、湿热黄疸、石淋、痔疮。煎服，30～60克；或生食，或榨汁饮。

【食用】春季采集嫩茎叶，用沸水焯熟，再用清水漂洗，可凉拌、炒食。秋季采摘成熟果实，可直接食用、制果酱、做羹、做果脯等。

雷公藤

【识别】落叶蔓性灌木，小枝红褐色，有棱角，密生瘤状皮孔及锈色短毛。单叶互生，亚革质，叶片椭圆形或宽卵形，边缘具细锯齿。聚伞状圆锥花序顶生或腋生，花白绿色，花瓣5，椭圆形。蒴果具3片膜质翅。花期7～8月，果期9～10月。

【分布】分布于长江流域以南各地及西南地区。

【药用】秋季挖取根部，去净泥土，晒干，或去皮晒干。有祛风湿、活血通络、消肿止痛、杀虫解毒的功效。主治风湿顽痹、麻风、顽癣、湿疹、疥疮、皮炎、皮疹、疔疮肿毒。煎汤，10～25克（带根皮者减量），文火煎1～2小时。外用适量。

雷公藤

【毒性】全株有大毒。

③ 叶分裂

蛇葡萄

【识别】多年生藤本。茎具皮孔；幼枝被锈色短柔毛，卷须与叶对生，二叉状分枝。单叶互生；叶片心形或心状卵形，顶端不裂或具不明显3浅裂，边缘有带小尖头的浅圆齿；基出脉5条，侧脉4对。花两性，二歧聚伞花序与叶对生，被锈色短柔毛；花白绿色，花瓣5，分离。浆果球形，幼时绿色，熟时蓝紫色。花期6月，果期7～10月。

【分布】分布于中南、西南及江苏、安徽、浙江、江

蛇葡萄

西、福建、台湾等地。

【药用】夏、秋季采收茎叶，洗净，鲜用或晒干。有清热利湿、散瘀止血、解毒的功效。主治肾炎水肿、小便不利、风湿痹痛、跌打瘀肿、疮毒。煎服，15～30克，鲜品倍量；或泡酒。外用适量，捣敷或煎水洗；或研末撒。

【食用】《救荒本草》记载蛇葡萄嫩苗叶可以用沸水焯熟后凉拌。未查到其成熟果实食用及毒性的文献记载。

乌头叶蛇葡萄

【识别】木质藤本，全株无毛。老枝暗灰褐色，具纵棱和皮孔；幼枝稍带红紫色；卷须与叶对生，二分叉。叶掌状3～5全裂，轮廓宽卵形，具长柄；全裂片披针形或菱状被针形，先端锐尖，基部楔形，常羽状深裂，裂片全缘或具粗牙齿。花两性，二歧聚伞花序与叶对生，花小，黄绿色。浆果近球形，成熟时橙黄色或橙红色。花期5～6月，果期8～9月。

乌头叶蛇葡萄

【分布】分布于华北及陕西、甘肃、山东、河南等地。

【药用】全年均可采，挖出根部，除去泥土及细根，刮去表皮栓皮，剥取皮部，鲜用或晒干。有祛风除湿、散瘀消肿的功效。主治风寒湿痹、跌打瘀肿、痈疽肿痛。煎服，10～15克；外用适量，捣敷。

【食用及毒性】未查到其毒性及食用的文献记载。

三裂叶蛇葡萄

【识别】木质攀援藤本。枝红褐色，幼时被红褐色短柔毛或近无毛。卷须与叶对生，二叉状分枝。叶互生，叶片掌状3全裂，中央小叶长椭圆形或宽卵形，侧生小叶极偏斜，呈斜卵形。聚伞花序二歧状，与叶对生；花小，淡绿色。浆果球形或扁球形，熟时蓝紫色。花期6～7月，果期7～9月。

【分布】分布于中南、西南及陕西、甘肃、江苏、浙江、江西、福建等地。

【药用】夏、秋季采收茎藤，秋季采挖根部，洗净，分别切片，晒干或烘干。有清热利湿、活血通络、止血生肌、解毒消肿的功效。主治淋证、白浊、疝气、偏坠、风湿痹痛、跌打瘀肿、烫伤、疮痈。煎服，10～15克；或浸酒。外用适量，鲜品捣敷。

【食用及毒性】未查到其毒性及食用的文献记载。

三裂叶蛇葡萄

（二）复叶

1. 羽状复叶

【识别】落叶攀援灌木，高达10米。茎粗壮，分枝多，茎皮灰黄褐色。奇数羽状复叶，互生；有长柄，叶轴被疏毛；小叶7～13，叶片卵形或卵状披针形，先端渐尖，基部圆形或宽楔形，全缘。总状花序侧生，下垂；花萼钟状，花冠蝶形，紫色或深紫色。荚果长条形，扁平，密生黄色绒毛。花期4～5月，果期9～11月。

【分布】分布于华北、华东、中南、西南及辽宁、陕西、甘肃。

【药用】夏季采收茎或茎皮，晒干。有利水、除痹、杀虫的功效。主治浮肿、关节疼痛、肠寄生虫病。煎服，9～15克。

【食用】4～5月采摘花蕾，用沸水焯熟，再用清水浸泡，可炒食、做汤、做馅。

紫藤

凌霄

【识别】木质藤本，借气根攀附于其他物上。茎黄褐色具网裂。叶对生，奇数羽状复叶，小叶7～9，卵形至卵状披针形，边缘有粗锯齿。顶生疏散的短圆锥花序，花冠漏斗状钟形，裂片5，圆形，橘红色，开展。蒴果长如豆荚。花期7～9月，果期8～10月。

【分布】生于山谷、溪边、疏林下，或攀援于树上、石壁上或为栽培。我国南北各地均有分布。

【药用】夏、秋二季花盛开时采摘花（凌霄花），干燥。有活血通经、凉血祛风的功效。主治月经不调、经闭癥瘕、产后乳肿、风疹发红、皮肤瘙痒、痤疮。煎服，3～10克。外用适量。

凌霄

【食用】6～7月采鲜嫩花，因花粉有毒，需先将花粉去掉，除去花萼，洗净，用沸水焯熟，再用清水泡1天，可炒食、做汤。孕妇忌食。

美洲凌霄

【识别】藤本，具气生根，长达10米。小叶9～11枚，椭圆形至卵状椭圆形，边缘有齿。顶生短圆锥花序较凌霄紧密，花萼钟状，花冠筒细长，漏斗状，橙红色至鲜红色。蒴果长圆柱形。

【分布】我国各地有栽培。

【药用】【食用】同凌霄。

美洲凌霄

榼藤

【识别】常绿木质大藤本。茎扭旋,枝无毛。二回羽状复叶,通常有羽片2对,顶生羽片变为卷须。穗状花序单生或排列成圆锥状,花序轴密被黄色绒毛;花淡黄色,有香气。荚果木质,弯曲,扁平,成熟时逐节脱落,每节内有1颗种子。种子近圆形,扁平,暗褐色,成熟后种皮木质,有光泽,具网纹。花期3~4月,果熟期8月下旬。

【分布】分布于福建、台湾、广东、海南、广西、云南等地。

【药用】全年均可采藤茎(榼藤),切片,晒干;或鲜用。有祛风除湿、活血通络的功效。主治风湿痹痛、跌打损伤、腰肌劳损、四肢麻木。煎服,15~16克;或浸酒。外用适量,捣敷或煎水洗。

榼藤

【毒性】全株有毒，种子毒性大，误食过量可致死亡。

云实

【识别】攀援灌木。树皮暗红色，密生倒钩刺。二回羽状复叶对生，有柄，基部有刺1对，每羽片有小叶7～15对，膜质，长圆形。总状花序顶生，总花梗多刺；花左右对称，花瓣5，黄色，盛开时反卷。荚果近木质，短舌状，偏斜，稍膨胀，先端具尖喙，沿腹缝线膨大成狭翅，成熟时沿腹缝开裂。花、果期4～10月。

【分布】分布于华东、中南、西南及河北、陕西、甘肃。

【药用】秋季果实成熟时采收，剥取种子，晒干。有

云实

解毒除湿、止咳化痰、杀虫的功效。主治痢疾、疟疾、慢性气管炎、小儿疳积、虫积。煎服，9 ~ 15克。

【毒性】全株有毒，茎毒性最大。

相思子

【识别】攀援灌木。枝细弱，有平伏短刚毛。偶数羽状复叶，互生，小叶8 ~ 15对，具短柄，长圆形，两端圆形，先端有极小尖头。总状花序很小，成头状，生在短枝上，无总花梗，花序轴短而粗，肉质。花小，排列紧密，具短梗；花萼黄绿色，钟形；花冠淡紫色，旗瓣阔卵形，基部有三角状的爪，翼瓣与龙骨瓣狭窄。荚果黄

相思子

绿色，革质，菱状长圆形，扁平或膨胀。种子4～6颗，椭圆形，在脐的一端黑色，上端朱红色，有光泽。花期3～5月，果期9～10月。

【分布】生于丘陵地带或山间、路旁灌丛中。分布于福建、台湾、广东、海南、广西、云南等地。

【药用】夏、秋季分批采摘成熟果实，晒干，打出种子，除去杂质。有清热解毒、祛痰、杀虫的功效。主治痈疮、腮腺炎、疥癣、风湿骨痛。外用适量，研末调敷；或煎水洗；或熬膏涂。不宜内服，以防中毒。

【毒性】种子剧毒，叶及根次之，一粒种子可致人死亡。

两面针

【识别】木质藤本，秃净。幼枝、叶柄及小叶的中脉上有钩状小刺。单数羽状复叶，小叶3～9枚，卵形至卵状矩圆形，边缘有疏离的圆锯齿或几为全缘。无柄的圆锥花序腋生，花小，花瓣4，矩圆状卵形。果皮红褐色。花期3～4月，果期9～10月。

【分布】分布于广东、广西、福建、台湾、云南、湖南等地。

【药用】全年均可采挖，洗净，切片或段，晒干。有活血化瘀、行气止痛、祛风通络、解毒消肿的功效。主治跌扑损伤、胃痛、牙痛、风湿痹痛、毒蛇咬伤；外用治烧烫伤。煎服，5～10克。外用适量，研末调敷或煎水洗

两面针

患处。

【毒性】根茎有小毒，中毒后可致腹泻。

② 三复叶和掌状复叶

木 通

【识别】落叶木质藤本。茎纤细，圆柱形，缠绕，茎皮灰褐色，有圆形、小而凸起的皮孔。掌状复叶互生，有小叶5片，小叶纸质，倒卵形或倒卵状椭圆形，先端圆或凹入，具小凸尖，基部圆或阔楔形。伞房花序式的总状花序腋生。雄花萼片通常3片，淡紫色。果长圆形或椭圆形，成熟时紫色，腹缝开裂。花期4～5月，果期6～8月。

木通

【分布】生于山地沟谷边疏林或丘陵灌丛中。分布于长江流域各省区。

【药用】①滕茎（木通）：秋季采收，截取茎部，除去细枝，阴干。有利尿通淋、清心除烦、通经下乳的功效。主治淋证、水肿、心烦尿赤、口舌生疮、经闭乳少、湿热痹痛。煎服，3～6克。②近成熟果实（预知子）：夏、秋二季果实绿黄时采收，晒干。有疏肝理气、活血止痛、散结、利尿的功效。主治脘胁胀痛、痛经经闭、痰核痞块、小便不利。煎服，3～9克。

【食用】春季采集幼嫩茎叶，洗净，用沸水焯熟，再用清水多次浸洗，可凉拌、炒食。

【毒性】果有毒。

白木通

【识别】落叶或半常绿缠绕灌木，高6～10米。掌状复叶；小叶3枚，卵形或卵状矩圆形，先端圆形，中央凹陷，基部圆形或稍呈心脏形至阔楔形，全缘或微波状。总状花序腋生，花紫色微红或淡紫色。膏葖状浆果，椭圆形或长圆筒形，成熟时紫色。花期3～4月。果期10～11月。

【分布】分布江苏、浙江、江西、广西、广东、湖南、湖北、山西、陕西、四川、贵州、云南等地。

【药用】【食用】同木通。

白木通

三叶木通

【识别】落叶本质藤本，茎、枝都无毛。三出复叶，小叶卵圆形、宽卵圆形或长卵形，基部圆形或宽楔形，有时微呈心形，边缘浅裂或呈波状，侧脉通常5～6对。花序总状，腋生，长约8厘米；花单性；雄花生于上部，雄蕊6；雌花花被片紫红色，具6个退化雄蕊，心皮分离。果实肉质，长卵形，成熟后沿腹缝线开裂；种子多数，卵形，黑色。

【分布】分布河北、山西、山东、河南、陕西、甘肃、浙江、安徽、湖北等地。

【药用】【食用】同木通。

三叶木通

金樱子

【识别】常绿攀援灌木。茎有钩状皮刺和刺毛。羽状复叶，叶柄和叶轴具小皮刺和刺毛。小叶革质，通常3，椭圆状卵形或披针状卵形，边缘具细齿状锯齿。花单生于侧枝顶端，花梗和萼筒外面均密被刺毛；花瓣5，白色。果实倒卵形，紫褐色，外面密被刺毛。花期4~6月，果期7~11月。

【分布】分布华中、华南、华东及四川、贵州等地。

【药用】10~11月果实成熟变红时采收，干燥，除去毛刺。有固精缩尿、固崩止带、涩肠止泻的功效。主治遗精滑精、遗尿尿频、崩漏带下、久泻久痢。煎服。6~12克。

【食用】9~10月采摘成熟果实，去刺洗净，可直接食用。

金樱子

412

野葛

【识别】多年生落叶藤本，全株被黄褐色粗毛。叶互生，具长柄，三出复叶，叶片菱状圆形，先端渐尖，基部圆形，有时浅裂。总状花序腋生或顶生，蝶形花蓝紫色或紫色。荚果线形，扁平，密被黄褐色的长硬毛。花期4～8月，果期8～10月。

【分布】除新疆、西藏外，全国各地均有分布。

【药用】秋、冬二季采挖根（葛根），趁鲜切成厚片或小块；干燥。有解肌退热、生津止渴、透疹、升阳止泻、通经活络、解酒毒的功效。主治外感发热头痛、项背强痛、口渴、消渴、麻疹不透、热痢、泄泻、眩晕头痛、中风偏瘫、胸痹心痛、酒毒伤中。煎服，9～15克。

【食用】春季采摘幼芽，用沸水焯熟，再用清水浸泡，可炒食、凉拌。采摘花蕾，用沸水焯熟，再用清水浸泡，

野葛

413

可炒食、做汤、做馅。秋末至初春挖掘葛根，除去外皮洗净，可煮粥；葛根经水磨而澄取葛粉，可做羹、煮粥。

蜜花豆

【识别】木质藤本。老茎砍断时可见数圈偏心环，鸡血状汁液从环处渗出。三出复叶互生，顶生小叶阔椭圆形，侧生小叶基部偏斜。圆锥花序腋生，大型，花多而密，花序轴、花梗被黄色柔毛；花冠白色，肉质，旗瓣近圆形，具爪。荚果舌形。花期6～7月，果期8～12月。

【分布】分布于福建、广东、广西、云南。

蜜花豆

【药用】秋、冬二季采收藤茎（鸡血藤），除去枝叶，切片，晒干。有活血补血、调经止痛、舒筋活络的功效。主治月经不调、痛经、经闭、风湿痹痛、麻木瘫痪、血虚萎黄。煎服，10～30克。或浸酒服，或熬膏服。

第三部分

灌木和乔木

一、单叶

（一）叶缘整齐

1. 叶互生

胡颓子

【识别】常绿直立灌木，高3～4米。具刺，刺长20～40毫米，深褐色；小枝密被锈色鳞片，老枝鳞片脱落后显黑色，具光泽。叶互生，叶片革质，椭圆形或阔椭圆形，边缘微反卷或微波状，上面绿色，有光泽，下面银白色，密被银白色和少数褐色鳞片。花白色或银白色，下垂，被鳞片，1～3朵生于叶腋，花被筒圆形或漏斗形，先端4裂。果实椭圆形，幼时被褐色鳞片，成熟时红色。花期9～12月，果期翌年4～6月。

【分布】分布于江苏、安徽、浙江、江西、福建、湖北、湖南、广东、广西、四川、贵州等地。

【药用】全年均可采收叶，鲜用或晒干。有平喘止咳、止血、解毒的功效。主治肺虚咳嗽、气喘、咳血、吐血、外伤出血、痈疽、痔疮肿痛。煎汤，9～15克；或研末。外用，适量捣敷，或煎水熏洗。

胡颓子

【食用】5月果实熟时采收，直接食用、制果酱、做果汁。

牛奶子

【识别】落叶灌木，高1～4米。茎常具刺，幼技密被银白色和少数黄褐色鳞片。单叶互生，叶纸质，椭圆形至卵状椭圆形，上面幼时具银白色鳞片或星状毛，成熟后脱落，下面密被银白色和散生少数褐色鳞片。花较叶先开放，黄白色，外被银白色盾形鳞片，花被筒圆筒状漏斗形，上部4裂。果实近球形至卵圆形，幼时绿色，被银白色或有时全被褐色鳞片，成熟时红色。花期4～5月，果期7～8月。

【分布】分布于华北、华东、西南及辽宁、陕西、宁夏、甘肃、青海、湖北、湖南等地。

【药用】夏、秋季采收，根洗净切片晒干；叶、果实晒干。有清热止咳、利湿解毒的功效。主治肺热咳嗽、泄泻、痢疾、淋证、带下、崩漏、乳痈。煎汤服，根或叶15～30克，果实3～9克。

【食用】3～4月采摘嫩叶，用沸水焯熟，再用清水浸泡去苦味，拌面蒸食、炒食或凉拌。

牛奶子

沙枣

【识别】落叶灌木或小乔木，高5～10米。枝干受伤后流出透明褐色胶汁，幼枝密被银白色鳞片，老枝鳞片脱落，栗褐色，光滑。单叶互生，薄纸质；叶片椭圆状披针形或披针形，全缘，上面幼时被具银白色鳞片，下面银白色，有光泽，密被白色鳞片。花1～3朵生于叶腋，花被筒呈钟状或漏斗状，先端4裂，外面银白色，里面黄色，有香味。果实椭圆形粉红色，被银白色鳞片。花期5～6月，果期9月。

【分布】分布于辽宁、河北、山西、河南、陕西、甘肃、内蒙古、宁夏、新疆、青海等地。

沙枣

【药用】果实成熟时分批采摘，鲜用或烘干。有养肝益肾、健脾调经的功效。主治肝虚目眩、肾虚腰痛、脾虚腹泻、消化不良、带下、月经不调。煎服，15～30克。

【食用】果实熟时采收，直接食用，制果酱、做羹、做饮料。

沙棘

【识别】落叶灌木或乔木。棘刺较多，粗壮；嫩枝褐绿色，密被银白色而带褐色鳞片。单叶近对生；叶柄极短；叶片纸质，狭披针形或长圆状披针形，上面绿色，初被白色盾形毛或星状毛，下面银白色或淡白色，被鳞片。果实圆球形，橙黄色或橘红色。花期4～5月，果期9～10月。

沙棘

【分布】分布于华北、西北及四川等地。

【药用】秋、冬二季果实成熟或冻硬时采收成熟果实，除去杂质，干燥或蒸后干燥。有健脾消食、止咳祛痰、活血散瘀的功效。主治脾虚食少、食积腹痛、咳嗽痰多、胸痹心痛、瘀血经闭、跌扑瘀肿。煎服，3～9克。

【食用】果实熟时采收，直接食用，制果酱、做羹、做饮料、酿酒。

枸杞

【识别】落叶灌木，高1米左右。茎灰色，具短棘。叶卵形、长椭圆形或卵状披针形，全缘。花腋生，花冠漏斗状，先端5裂，裂片长卵形，紫色。浆果卵形或长圆形，深红色或橘红色。花期6～9月，果期7～10月。

枸杞

【分布】分布于我国南北各地。

【药用】春初或秋后采挖根部，洗净，剥取根皮，晒干。有凉血除蒸、清肺降火。主治阴虚潮热、骨蒸盗汗、肺热咳嗽、咯血、衄血、内热消渴。煎服，9 ~ 15克。

【食用】春季采摘的嫩茎叶，用沸水焯熟，再用清水漂洗去除苦味，可炒食、凉拌、做汤。果成熟采摘后可制干品，做果酱、甜羹、炒食。

宁夏枸杞

【识别】灌木，高2 ~ 3米。主枝数条，粗壮，果枝细长，刺状枝短而细，生于叶腋。叶互生，或数片丛生于短枝上，叶片狭倒披针形、卵状披针形或卵状长圆形，全缘。花腋生，通常1 ~ 2朵簇生，花冠漏斗状，先端5裂，裂片卵形，粉红色或淡紫红色，具暗紫色脉纹。浆果卵圆形、椭圆形或阔卵形，红色或橘红色。花期5 ~ 10月，果期6 ~ 10月。

【分布】分布甘肃、宁夏、新疆、内蒙古、青海等地。

【药用】夏、秋二季果实呈红色时采收成熟果实（枸杞子），热风烘干，除去果梗，或晾至皮皱后，晒干，除去果梗。有滋补肝肾、益精明目的功效。主治虚劳精亏、腰膝酸痛、眩晕耳鸣、阳痿遗精、内热消渴、血虚萎黄、目昏不明。煎服，6 ~ 12克。

【食用】果成熟采摘后可制干品，做甜羹、炒食。

宁夏枸杞

白鹃梅

【识别】落叶灌木，高达3～5米。叶片椭圆形、长椭圆形至长圆倒卵形，全缘。顶生总状花序，有花6～10朵；花瓣5，倒卵形，白色。蒴果具5棱脊，种子有翅。花期5月，果期6～8月。

【分布】分布于华东、华中及黄河、长江流域。

【药用】有益肝明目、提高人体免疫力、抗氧化等多种保健功能。根皮、树皮主治腰骨酸痛。

【食用】于4～5月间采摘嫩叶和花蕾，用沸水焯熟后晒干，可炒食、做汤、凉拌，其干品经水发后，可炖肉、蒸鱼、煮汤、做馅。

白鹃梅

雀儿舌头

【识别】直立灌木，高达3米。叶片膜质至薄纸质，卵形、近圆形、椭圆形或披针形。花单生或2～4朵簇生于叶腋；萼片、花瓣和雄蕊均为5；雄花花瓣白色，匙形，膜质；雌花花瓣倒卵形。蒴果圆球形或扁球形。花期2～8月，果期6～10月。

【分布】除黑龙江、新疆、福建、海南和广东外，全国各省区均有分布。

【药用】根入药。有理气止痛的功效。主治脾胃气滞所致脘腹胀痛、食欲不振、寒疝腹痛、下痢腹痛。煎汤服6～12克。

【毒性】嫩叶有毒。

雀儿舌头

雀儿舌头

一叶萩

【识别】灌木，高1～3米。单叶互生，具短柄；叶片椭圆形，全缘或具不整齐的波状齿。3～12朵花簇生于叶腋；花小，淡黄色，无花瓣。蒴果三棱状扁球形。花期5～7月，果期7～9月。

【分布】分布于黑龙江、吉林、辽宁、河北、陕西、山东、江苏、安徽、浙江、江西、台湾、河南、湖北、广西、四川、贵州等地。

【药用】春末至秋末均可采收嫩枝叶，割取连叶的绿色嫩枝，扎成小把，阴干；根全年均可采，除去泥沙，洗净，切片晒干。有祛风活血、益肾强筋的功效。主治风湿腰痛、四肢麻木、阳痿、小儿疳积、面神经麻痹、小儿麻

一叶萩

痹症后遗症。煎服，6～9克。

【毒性】全株有毒，鲜品毒性大，可引起抽搐、惊厥及呼吸停止。

羊踯躅

【识别】落叶灌木，高1～2米。单叶互生，叶柄短，叶片纸质，常簇生于枝顶，椭圆形至椭圆状倒披针形。花多数排列成短总状伞形花序，顶生，先叶开放或与叶同时开放；花冠宽钟状，金黄色，先端5裂，裂片椭圆形至卵形。蒴果长椭圆形，熟时深褐色。花期4～5月，果期6～8月。

【分布】分布于江苏、安徽、浙江、江西、福建、河

羊踯躅

南、湖南、广东、广西、四川、贵州。

【药用】在开花盛期采摘花（闹羊花）。有祛风除湿、定痛、杀虫的功效。主治风湿痹痛、偏正头痛、跌扑肿痛、龋齿疼痛、皮肤顽癣、疥疮。煎汤服，0.3～0.6克；或浸酒。外用适量，研末调敷，或鲜品捣敷。

【毒性】全株有毒，花和果毒性最大。

莽草

【识别】常绿灌木或小乔木，高3～10米。树皮、老枝灰褐色。单叶互生或集生；叶革质，披针形、倒披针形或椭圆形。花腋生或近顶生，单生或2～3朵集生叶腋；花被片 10 ～ 15，红色至深红色。蓇葖果 10 ～ 13，木质，先端有长而弯曲的尖头。种子淡褐色。花期5 ～ 6月，果期8 ～ 10月。

莽草

【分布】分布于陕西、江苏、安徽、浙江、江西、福建等地。

【药用】春、夏两季采摘叶，鲜用或晒干用。有祛风止痛、消肿散结、杀虫止痒的功效。主治头风、皮肤麻痹、痈肿、乳痈、瘰疬、喉痹、癥瘕、癣疥、秃疮、风虫牙痛、狐臭。外用适量，捣敷；研末调敷；或煎水熏洗、含漱。

【毒性】全株有毒，果实毒性最大。

黄花夹竹桃

【识别】常绿小乔木，高2 ～ 5米。全株光滑，树皮棕褐色，皮孔明显。叶互生，叶片革质，线形或线状披针形。聚伞花序顶生，有总柄，通常6花成簇，黄色，芳香；花冠大形，漏斗形，花冠筒喉部具5个被毛的鳞片，花冠裂片5。核果扁三角球形。花期6～12月，果期8月至翌年春节。

【分布】我国福建、台湾、广东、海南、广西、云南等地有栽培。

【药用】秋季果实成熟时采收，剥取种仁，晒干。有强心、利尿消肿的功效。主治各种心脏病引起的心力衰竭、阵发性室上性心动过速、阵发性心房纤颤。用提取物制成片剂口服；或制成注射液静脉注射。

【毒性】全株有毒，种子毒性最大，毒可致死。

黄花夹竹桃

油桐

【识别】小乔木。枝粗壮，皮孔灰色。单叶互生；叶柄长达12厘米，顶端有2红紫色腺体；叶片革质，卵状心形，先端渐尖，基部心形或楔形，全缘，有时3浅裂。花先叶开放，排列于枝端成短圆锥花序；花瓣5，白色，基部具橙红色的斑点与条纹。核果近球形。花期4～5月，果期10月。

【分布】分布于华东、华中、华南及陕西、甘肃、四川、贵州、云南等地。

【药用】秋季果实成熟时采收，将其堆积于潮湿处，泼水，覆以干草，经10天左右，外壳腐烂，除去外皮，收集种子，晒干。有吐风痰、消肿毒、利二便的功效。主治风痰喉痹、痰火瘰疬、食积腹胀、大小便不通、丹毒、疥癣、烫伤、急性软组织炎症、寻常疣。煎服，1～2枚。外用适量，研末敷。

【毒性】全株有毒，种子毒性大。

油桐

柘树

【识别】落叶灌木或小乔木，高达8米。小枝具坚硬棘刺。单叶互生，叶片近革质，卵圆形或倒卵形，全缘或3裂。球形头状花序生于叶腋。聚花果球形，肉质，直径约2.5厘米，橘红色或橙黄色，表面呈微皱缩，瘦果包裹在肉质的花被里。花期5～6月，果期9～10月。

【分布】分布于华东、中南、西南及河北、陕西、甘肃等地。

【药用】秋季果实将成熟时采收果实，切片，鲜用或晒干。有清热凉血、舒筋活络的功效。主治跌打损伤。煎服，15～30克。

【食用】春季采摘嫩叶，用沸水焯熟后，可凉拌。6～7月采摘果实，可生食或酿酒。

柘树

望春花

【识别】落叶乔木，高6～12米。冬芽卵形，苞片密生淡黄色茸毛。单叶互生，叶片长圆状披针形或卵状披针形，全缘。花先叶开放，单生枝顶，呈钟状，白色，外面基部带紫红色，外轮花被3，中、内轮花被各3。聚合果圆筒形，稍扭曲。花期2～3月，果期9月。

【分布】分布于陕西南部、甘肃、河南西部、湖北西部及四川等地。

【药用】冬末春初花未开放时采收花蕾，除去枝梗，阴干。有散风寒、通鼻窍的功效。主治风寒头痛、鼻塞流涕、鼻衄、鼻渊。煎服，3～9克，入汤剂宜用纱布包煎。

【食用】春季采集花，将花瓣洗净，可炒食、炸食。

望春花

玉兰

【识别】形态似望春花，主要区别是玉兰的花被片白色。

【分布】全国各大城市园林广泛栽培。

【药用】【食用】同望春花。

玉兰

厚朴

【识别】落叶乔木。树皮紫褐色。冬芽粗大，圆锥状，芽鳞密被淡黄褐色绒毛。叶革质，叶片7～9集生枝顶，长圆状倒卵形；花瓣匙形，白色。聚合果长椭圆状卵形。花期4～5月，果期9～10月。

【分布】分布于浙江、广西、江西、湖南、湖北、四川、贵州、云南、陕西、甘肃等地。

【药用】4～6月剥取干皮、根皮及枝皮，根皮和枝皮直接阴干；干皮置沸水中微煮后，堆置阴湿处，"发汗"至内表面变紫褐色或棕褐色时，蒸软，取出，卷成筒状，干燥。有燥湿消痰、下气除满的功效。主治湿滞伤中、脘痞

厚朴

435

吐泻、食积气滞、腹胀便秘、痰饮喘咳。煎服，3~10克。

【食用及毒性】无食用及有毒的文献记载。

凹叶厚朴

【植物形态】落叶乔木。树皮紫褐色。冬芽粗大，圆锥状，芽鳞密被淡黄褐色绒毛。叶革质，叶片7~9集生枝顶，长圆状倒卵形，先端凹陷成2钝圆浅裂。花梗粗短，密生丝状白毛；萼片与花瓣共9~12；萼片长圆状倒卵形，淡绿白色，常带紫红色；花瓣匙形，白色。聚合果长椭圆状卵形。花期4~5月，果期9~10月。

【分布】分布于浙江、江西、安徽、广西等地。

【药用】【食用及毒性】同厚朴。

凹叶厚朴

柿

【识别】落叶大乔木，高达14米。树皮深灰色至灰黑色，长方块状开裂。单叶互生，叶片卵状椭圆形至倒卵形或近圆形，全缘。雄花成聚伞花序，雌花单生叶腋；花冠黄白色，钟形，4裂。浆果卵圆球形，橙黄色或鲜黄色。花期5月，果期9～10月。

【分布】分布于华东、中南及辽宁、河北、山西、陕西、甘肃、台湾等地。

【药用】冬季果实成熟时采摘，食用时收集宿萼（柿蒂），洗净，晒干。有降逆止呃的功效。主治呃逆。煎服，4.5～9克。

【食用】9～10月采摘成熟果实，可以鲜食，但产妇、月经期间女性、结石患者应慎食柿子。

柿

肉桂

【识别】常绿乔木，树皮灰褐色，芳香，幼枝略呈四棱形。叶互生，长椭圆形至近披针形，先端尖，基部钝，全缘。圆锥花序腋生或近顶生，花小，黄绿色。浆果椭圆形或倒卵形，暗紫色。种子长卵形，紫色。花期5~7月。果期至次年2~3月。

【分布】分布于福建、台湾、海南、广东、广西、云南等地。

【药用】春、夏二季采收嫩枝（桂枝），除去叶，晒干，或切片晒干。有发汗解肌、温通经脉、助阳化气、平冲降气的功效。主治风寒感冒、脘腹冷痛、血寒经闭、关节痹痛、痰饮、水肿、心悸、奔豚。煎服，3~9克。孕妇及月经过多者慎用。

【食用】树皮用作调味料。

肉桂

泡桐

泡桐

【识别】乔木，高达30米。树皮灰褐色，幼枝、叶、叶柄、花序各部及幼果均被黄褐色星状绒毛。叶片长卵状心脏形，基部心形，全缘。花序狭长几成圆柱形，小聚伞花序有花3～8朵，头年秋天生花蕾，先叶开放；花冠管状漏斗形，白色，内有紫斑，筒直而向上逐渐扩大，上唇较狭，2裂，反卷，下唇3裂，先端均有齿痕状齿或凹头。蒴果木质，长圆形，室背2裂。花期2～3月，果期8～9月。

【分布】分布于辽宁、河北、山东、江苏、安徽、江西、河南、湖北等地。

【药用】春季花开

泡桐

439

时采收花，晒干或鲜用。有清肺利咽、解毒消肿的功效。主治肺热咳嗽、急性扁桃体炎、菌痢、急性肠火、急性结膜火、腮腺火、疖肿、疮癣。煎服，10～25克。外用鲜品适量，捣烂敷。

【食用】3～4月间采鲜嫩花，除去花萼，用沸水煮5～10分钟，换清水泡1天，炒食或做馅。4～5月采嫩叶，沸水煮5分钟，换清水浸泡2天，炒食或做面食。

乌桕

【识别】落叶乔木。树皮暗灰色，有纵裂纹。叶互生；叶柄长2.5～6厘米，顶端有2腺体；叶片纸质，菱

乌桕

形至宽菱状卵形，先端微凸尖到渐尖，基部宽楔形，全缘。穗状花序顶生，长6～12厘米；花单性，雌雄同序，无花瓣及花盘。蒴果椭圆状球形，成熟时褐色，室背开裂为3瓣，每瓣有种子1颗；种子近球形，黑色，外被白蜡。花期4～7月，果期10～12月。

【分布】分布于华东、中南、西南及台湾。

【药用】全年均可采根皮，将皮剥下，除去栓皮，晒干。有泻下逐水、消肿散结、解蛇虫毒的功效。主治水肿、癥瘕积聚、膨胀、大小便不通、疗毒痈肿、湿疹、疥癣、毒蛇咬伤。煎服,9～12克；或入丸、散。外用适量，煎水洗或研末调敷。

【毒性】木材、叶及果实有毒。

木油桐

【识别】落叶乔木，高达20米。叶阔卵形，全缘或2～5裂，掌状脉5条；叶柄长7～17厘米，顶端有2枚具柄的杯状腺体。花序生于当年生已发叶的枝条上，花瓣白色或基部紫红色且有紫红色脉纹，倒卵形。核果卵球状，具3条纵棱，棱间有粗疏网状皱纹，有种子3颗，种子扁球状，种皮厚，有疣突。花期4～5月。

【分布】分布于浙江、江西、福建、台湾、湖南、广东、海南、广西、贵州、云南等省区。

【毒性】全株有毒，种子毒性较大。

木油桐

② 叶对生和轮生

茉莉花

【识别】直立或攀援灌木，高达3米。单叶对生，叶片纸质，圆形、卵状椭圆形或倒卵形。聚伞花序顶生，通常有花3朵；花极芳香，花冠白色。果球形，呈紫黑色。花期5~8月，果期7~9月。

【分布】我国南方各地广为栽培。

【药用】夏季花初开时采收花，立即晒干或烘干。有理气止痛、辟秽开郁的功效。主治胸膈不舒、泻痢腹痛、头晕头痛、目赤、疮毒。煎服，3～10克；或代茶饮。外用适量，煎水洗目或菜油浸滴耳。

【食用】茉莉花为著名的花茶原料及重要的香精原料。

茉莉花

女贞

【识别】常绿灌木或乔木。树皮灰褐色，枝黄褐色、灰色或紫红色，疏生圆形或长圆形皮孔。单叶对生，叶片革质，卵形、长卵形或椭圆形至宽椭圆形，全缘。圆锥花序顶生，花冠裂片4，长方卵形，白色。果肾形或近肾形，被白粉。花期5～7月，果期7月至翌年5月。

【分布】分布于陕西、甘肃及长江以南各地。

【药用】冬季果实成熟时采收成熟果实（女贞子），除

女贞

去枝叶，稍蒸或置沸水中略烫后，干燥；或直接干燥。有滋补肝肾、明目乌发的作用。主治肝肾阴虚、眩晕耳鸣、腰膝酸软、须发早白、目暗不明、内热消渴、骨蒸潮热。煎服，6～12克，以入丸剂为佳。

【毒性】根和茎皮有毒。

栀子

【识别】常绿灌木，高1～2米。小枝绿色，幼时被毛。单叶对生或三叶轮生；叶椭圆形、阔倒披针形或倒卵形，全缘。花单生于枝端或叶腋，大形，极香；花冠高脚碟状，白色，后变乳黄色，裂片5或更多，倒卵状长圆形。果实深黄色，倒卵形或长椭圆形，有5～9条翅状纵棱。花期5～7月，果期8～11月。

【分布】分布于中南、西南及江苏、安徽、浙江、江西、福建、台湾等地。

【药用】9～11月果实成熟呈红黄色时采收成熟果实，除去果梗和杂质，置沸水中略烫，取出，干燥。有泻火除烦、清热利湿、凉血解毒的功效，外用消肿止痛。主治热病心烦、湿热黄疸、淋证涩痛、血热吐衄、目赤肿痛、火毒疮疡；外治扭挫伤痛。煎服，5～10克。外用生品适量，研末调敷。

【食用】5～7月间采摘鲜花，可托面炸食或做肉类之配菜，也可糖渍、蜜渍食用。

栀子

445

金银木

【识别】落叶灌木，高达6米。树皮灰白色至灰褐色，不规则纵裂。单叶对生，叶纸质，叶片卵状椭圆形至卵状披针形，全缘。花芳香，腋生；花冠先白后黄色，花冠筒长约为唇瓣的1/2。浆果暗红色，球形。花期5～6月，果期7～9月。

【分布】分布于黑龙江、吉林、辽宁、河北、山西、陕西、甘肃、山东、江苏、安徽、浙江、河南、湖北、湖南、四川、贵州、云南及西藏。

【药用】5～6月采花，夏、秋季采茎叶，鲜用或切段晒干。有祛风、清热、解毒的功效。主治感冒、咳嗽、咽喉肿痛、目赤肿痛、肺痛、乳痛、湿疮。煎服，9～15克。外用适量，捣敷或煎水洗。

金银木

【食用】4~5月采摘鲜花，可以泡茶饮用。果实不宜食用，会导致泄泻。

山茱萸

【识别】落叶小乔木。枝皮灰棕色。单叶对生，叶片椭圆形或长椭圆形，先端窄，长锐尖形，基部圆形或阔楔形，全缘。花先叶开放，成伞形花序，簇生于小枝顶端；花小，花瓣4，黄色。核果长椭圆形，无毛，成熟后红色。花期5~6月，果期8~10月。

【分布】分布于陕西、河南、山西、山东、安徽、浙江、四川等地。

【药用】秋末冬初果皮变红时采收果实，用文火烘或置沸水中略烫后，及时除去果核，干燥。有补益肝肾、收

山茱萸

447

涩固脱的功效。主治眩晕耳鸣、腰膝酸痛、阳痿遗精、遗尿尿频、崩漏带下、大汗虚脱、内热消渴。煎服，5～10克，急救固脱20～30克。

【食用】8～10月采摘成熟果实，可以直接食用，也可制作饮料、果酱、蜜饯及罐头等。

石榴

【识别】落叶灌木或乔木，高2～5米。叶对生或簇生，叶片倒卵形至长椭圆形，全缘。花1至数朵，生小枝顶端或腋生；萼筒钟状，肉质而厚，红色，裂片6，三角

石榴

状卵形；花瓣6，红色，与萼片互生，倒卵形，有皱纹。浆果近球形，果皮肥厚革质，熟时黄色，或带红色，内具薄隔膜，顶端有宿存花萼。种子多数，倒卵形，带棱角。花期5～6月，果期7～8月。

【分布】我国大部分地区有分布。

【药用】秋季果实成熟后收集果皮，晒干。有涩肠止泻、止血、驱虫的功效。主治久泻、久痢、便血、脱肛、崩漏、白带、虫积腹痛。煎汤服，3～9克。

【食用】4～5月采摘果实，鲜吃、榨汁均可，果汁可以酿酒。

蜡梅

【识别】落叶灌木，高2～4米。茎丛出，多分枝，皮灰白色。叶对生，有短柄，叶片卵形或矩圆状披针形，全缘。花先于叶开放，黄色，富有香气；花被多数，呈花瓣状，成多层的覆瓦状排列，内层花被小形，中层花被较大，黄色，薄而稍带光泽，外层成多数细鳞片。瘦果，椭圆形，深紫褐色。

【分布】我国各地均有栽植。分布于江苏、浙江、四川、贵州等地。

【药用】1～2月间采摘花蕾，晒干或烘干。有解暑生津的功效。主治热病烦渴、胸闷、咳嗽、汤火伤。煎汤服，5～10克。外用，浸油涂。

【毒性】果实及枝叶有毒。

蜡梅

蜡梅

黄杨

【识别】常绿灌木或小乔木，高1~6米。树皮灰色，栓皮成有规则的剥裂。叶对生，叶片革质，阔椭圆形、阔倒卵形、卵状椭圆形或长圆形，叶面光滑，中脉凸出。穗状花序腋生，花密集。蒴果近球形，由3心皮组成，沿室背3瓣裂，成熟时黑色。花期3~4月，果期5~7月。

【分布】分布于华东、中南及陕西、甘肃、四川、贵州等地。

【药用】茎枝全年均可采，鲜用或晒干。有祛风除湿、理气、止痛的功效。主治风湿痹痛、胸腹气胀、疝气疼痛、牙痛、跌打伤痛。煎汤服，9~15克；或浸酒。外用适量，鲜品捣烂敷。

【毒性】叶有毒。

黄杨

马桑

【识别】落叶灌木。单叶对生，叶片纸质至薄革质，椭圆形至宽椭圆形，全缘，基出3脉。总状花序侧生于前年生枝上；雄花序先叶开放，序轴被腺状微柔毛，萼片及花瓣各5；雌花序与叶同出，长4～6厘米，带紫色，萼片与雄花同，花瓣肉质，龙骨状。浆果状瘦果，成熟时由红色变紫黑色。花期3～4月，果期5～6月。

【分布】分布于西南及陕西、甘肃、湖南、广西、西藏。

【药用】秋、冬季采挖根，除净泥土，晒干。有祛风除湿、消热解毒的功效。主治风湿麻木、痈疮肿毒、风火牙痛、痞块、瘰疬、急性结膜炎、汤火烫伤、跌打损伤。煎汤服，3～9克。外用适量，煎水洗；或研末敷。

【毒性】全株有毒。

马桑

了哥王

【识别】灌木，高30～100厘米。枝红褐色。叶对生，坚纸质至近革质，长椭圆形，全缘；叶柄短或几无。花黄绿色，数朵组成顶生短总状花序；花萼管状，裂片4，卵形。核果卵形，熟时暗红色至紫黑色。花、果期夏、秋季。

【分布】分布于广东、广西、福建、台湾、浙江、江西、湖南、四川等地。

【药用】茎叶随时可采。有消热解毒、化痰散结、消肿止痛的功效。主治痈肿疮毒、瘰疬、风湿痛、跌打损伤、蛇虫咬伤。煎汤服（宜久煎4小时以上），6～9克；外用适量，捣敷，研末调敷或煎水洗。

【毒性】全株有毒，家畜食种子及叶可致死。

了哥王

牛角瓜

【识别】直立灌木，高达3米。幼嫩部分具灰白色浓毛，全株具乳汁。叶对生，叶柄极短，叶片倒卵状长圆形，全缘。聚伞花序伞状，腋生或顶生，花冠紫蓝色，宽钟状，花冠裂片5，镊合状排列；副花冠5裂，肉质。蓇葖果单生，膨胀。花、果期几乎全年。

【分布】分布于广东、海南、广西、四川、云南等地。

【药用】夏、秋季采摘叶，晒干。有祛痰、定喘咳的功效。主治咳嗽痰多、百日咳。煎服，1～3克；或入散剂。

【毒性】根、茎叶、果部的白色汁液有大毒和刺激性，大量误食可致死亡。

牛角瓜

海州常山

【识别】灌木或小乔木，高1.5～10米。单叶对生，叶片纸质，宽卵形、卵形、卵状椭圆形或三角状卵形，长5～17厘米，宽5～14厘米，全缘或具波状齿。伞房状聚伞花序顶生或腋生，常二歧分枝；花萼幼时绿白色，后紫红色，基部合生，中部略膨大，具5棱，先端5深裂，裂片三角状披针形或卵形；花冠白色或带粉红色，先端5裂，裂片长椭圆形。核果近球形，包于增大的宿萼内，熟时蓝紫色。花、果期6～11月。

【分布】分布于华北、华东、中南、西南等地。

【药用】夏季尚未开花时采收嫩枝和叶（臭梧桐），晒干。切段，生用。有祛风湿、通经络、平肝的功效。主治

海州常山

风湿痹痛、四肢麻木、半身不遂、风疹等皮肤瘙痒、湿疮、肝阳偏亢、头痛眩晕；现常用于高血压病。煎服，5～15克。外用适量。用于高血压病不宜久煎。

【毒性】枝叶有小毒。

珊瑚樱

【识别】直立分枝小灌木，高0.3～1.5米。叶双生，大小不相等，椭圆状披针形，边全缘或略作波状。花序短，腋生，通常1～3朵，单生或成蝎尾状花序，花冠白色，5深裂，裂片卵圆形。浆果单生，球状，珊瑚红色或橘黄色。花期4～7月，果熟期8～12月。

珊瑚樱

【分布】我国有栽培，分布于河北、陕西、四川、云南、广西、广东、湖南、江西等地。

【药用】秋季采挖根，晒干。有活血止痛的功效。主治腰肌劳损、闪挫扭伤。内服：浸酒，1.5～3克。

【毒性】全株有毒，叶毒性大于浆果，大量食入可致死。

黄蝉

【识别】直立灌木，高1～2米，具乳汁；枝条灰白色。叶3～5枚轮生，全缘，椭圆形或倒卵状长圆形。聚伞花序顶生，花橙黄色，花冠漏斗状，内面具红褐色条纹，花冠下部圆筒状。蒴果球形，具长刺；种子扁平，具薄膜质边缘，长约2厘米，宽1.5厘米。花期5～8月，果期10～12月。

【分布】我国广西、广东、福建、台湾及北京（温室内）的庭园间均有栽培。

【毒性】植株有毒，乳汁毒性最强。

黄蝉

457

夹竹桃

【识别】常绿直立大灌木，高达5米。叶3～4枚轮生，下枝为对生，叶柄扁平，基部稍宽，长5～8厘米；叶片窄披针形，先端急尖，基部楔形，叶缘反卷，表面深绿色，背面淡绿色，有多数洼点，侧脉扁平，密生而平行，每边达120条，直达叶缘。顶生聚伞花序，着花数朵；花萼5深裂，红色；花冠深红色或粉红色，单瓣或重瓣，花冠裂片5，倒卵形。蓇葖果2，离生。花期几乎全年，果期一般在冬、春季。

【分布】全国各地均有栽培。

【药用】采集叶片及枝皮，晒干。有强心利尿、祛痰定喘、镇痛、祛瘀的功效。主治心力衰竭、喘咳、癫痫、跌打肿痛、血瘀经闭。煎服，0.3～0.9克；外用适量，捣敷或制成酊剂外涂。

【毒性】叶、皮、根有毒，花毒性较小。

夹竹桃

（二）叶缘有齿

❶ 叶互生

桑

【识别】落叶灌木或小乔木，高3～15米。树皮灰白色，有条状浅裂。单叶互生，叶片卵形或宽卵形，边缘有粗锯齿或圆齿，有时有不规则的分裂，基出3脉与细脉交织成网状。穗状葇荑花序，腋生，花黄绿色。聚合果腋生，肉质，椭圆形，深紫色或黑色。花期4～5月，果期5～6月。

【分布】我国各地大都有野生或栽培。

桑

【药用】①干燥叶（桑叶）：初霜后采收，除去杂质，晒干。有疏散风热、清肺润燥、清肝明目的功效。主治风热感冒、肺热燥咳、头晕头痛、目赤昏花。煎服，5～9克。外用煎水洗眼。②果穗（桑葚）：4～6月果实变红时采收，晒干。有滋阴补血、生津润燥的功效。主治肝肾阴虚、眩晕耳鸣、心悸失眠、须发早白、津伤口渴、内热消渴、血虚便秘。煎服，9～15克。③干燥嫩枝（桑枝）：春末夏初采收，去叶，晒干。有祛风湿、利关节。主治风湿痹证、肩臂、关节酸痛麻木。煎服，9～15克。

【食用】5～6月采摘果实桑葚，可生食、酿酒、煮粥、制作果酱。除霜后采摘叶，用沸水焯熟后，可凉拌或清炒。全年可采树皮，晒干后磨成面粉，可以制作面食。

贴梗海棠

【识别】落叶灌木，高2～3米。枝棕褐色，有刺，有疏生浅褐色皮孔。叶片卵形至椭圆形，边缘有尖锐锯齿。花瓣5，倒卵形或近圆形，猩红色。果实球形或卵球形，黄色或带黄绿色，有稀疏不明显斑点。花期3～5月，果期9～10月。

【分布】分布华东、华中及西南各地。

【药用】夏、秋二季果实绿黄时采收近成熟果实（木瓜），置沸水中烫至外皮灰白色，对半纵剖，晒干。有舒筋活络、和胃化湿的功效。主治湿痹拘挛、腰膝关节酸重疼痛、暑湿吐泻、转筋挛痛、脚气水肿。煎服，6～9克。

贴梗海棠

【食用】9～10月采摘成熟果实，可以直接食用，但不宜多吃，现多药用。

光皮木瓜

【识别】灌木或小乔木，高达5～10米。树皮成片状脱落；小枝无刺，圆柱形。单叶互生，叶片椭圆卵形或椭圆长圆形，边缘有刺芒状尖锐锯齿。花单生于叶腋，花瓣倒卵形，淡粉红色。梨果长椭圆形，长10～15厘米，暗黄色，木质，味芳香。花期4月，果期9～10月。

【分布】分布于陕西、江苏、山东、安徽、浙江、江西、河南、湖北、云南、广西、甘肃、湖南、广东等地。

光皮木瓜

【药用】10～11月将成熟果实摘下，纵切为2或4块，内表面向上晒干。有和胃舒筋、祛风湿、消痰止咳的功效。主治吐泻转筋、风湿痹痛、咳嗽痰多、泄泻、痢疾、脚气水肿。煎汤服，3～10克。外用适量，浸油梳头。

【食用】果实味涩，采摘成熟果实，水煮或浸渍糖液中供食用。

西府海棠

【识别】灌木或小乔木，高2.5～5米。老枝紫红色或暗褐色，具稀疏皮孔。叶片长椭圆形或椭圆形，边缘有尖锐锯齿。伞形总状花序，着花4～7朵，集生于小枝顶端，花粉红色。梨果近球形，红色。花期4～5月，果期

西府海棠

8~9月。

【分布】分布于辽宁、河北、山西、陕西、甘肃、山东、云南等地。

【药用】8~9月果实成熟时采摘，鲜用或切成纵横切片，晒干。有涩肠止痢的功效。主治泄泻、痢疾。煎汤服，15~30克；或生食。

【食用】成熟果实可生食。

垂丝海棠

【识别】灌木或小乔木，高达5米。树冠开展，小枝紫色或紫褐色。单叶互生，叶片卵形或椭圆形至长椭圆卵形，边缘有圆钝细锯齿。伞房花序，具花4~6朵，花粉

垂丝海棠

红色，花瓣倒卵形。果实梨形或倒卵形，略带紫色。花期
3～4月，果期9～10月。

【分布】分布于陕西、江苏、安徽、浙江、四川、云
南等地。各地常见栽培。

【药用】3～4月花盛开时采花，晒干。有调经和血
的功效。主治血崩。煎汤服，6～15克。

【食用】成熟果实酸甜可食，可制蜜饯。

樱桃

【识别】落叶灌木或乔木，高3～8米。树皮灰白色，
有明显的皮孔。叶互生，叶片卵形或长圆状卵形，边有尖

樱桃

锐重锯齿。花序伞房状或近伞形，有花3～6朵，先叶开放，花瓣5，白色，卵圆形，先端下凹或二裂。核果近球形，红色。花期3～4月，果期5～6月。

【分布】分布于华东及辽宁、河北、甘肃、陕西、湖北、四川、广西、山西、河南等地。

【药用】采收果实，早熟品种，一般5月中旬采收，中晚熟品种也随后可陆续采收。有补血益肾的功效。主治脾虚泄泻、肾虚遗精、腰腿疼痛、瘫痪。煎服，30～150克。

【食用】成熟果实可生食。

毛樱桃

【识别】落叶灌木。小枝紫褐色或灰褐色，幼枝密被黄色绒毛。单叶互生，叶片卵状椭圆形或倒卵状椭圆形。花单生或两朵簇生，花叶同开或近先叶开放；花瓣5，白色或粉红色，倒卵形，先端圆钝。核果近球形，红色。花期4～5月，果期6～9月。

【分布】分布于东北、华北及陕西、宁夏、甘肃、青海、山东、四川、云南、西藏等地。

毛樱桃

【药用】6～9月果实成熟时采摘果实。有健脾、益气、固精的功效。主治食积泻痢、便秘、脚气、遗精滑泄。煎服，100～300克。

【食用】成熟果实可食。

杏

【识别】落叶小乔木，高4～10厘米；树皮暗红棕色，纵裂。单叶互生；叶片圆卵形或宽卵形，边缘有细锯齿或不明显的重锯齿。先叶开花，花单生枝端，花瓣5，白色或浅粉红色，圆形至宽倒卵形。核果黄红色，心脏卵圆形，侧面具一浅凹槽，微被绒毛；核光滑，坚硬，扁心形，具沟状边缘；内有种子1枚，心脏卵形，红色。花期3～4月，果期4～6月。

【分布】我国各地均有种植。

【药用】夏季采收成熟果实，除去果肉和核壳，取出种子，晒干。有降气止咳平喘、润肠通便的功效。主治咳嗽气喘、胸满痰多、肠燥便秘。煎服，3～10克，宜打碎入煎。

【食用及毒性】成熟果实可生食或制作果脯、蜜饯等。种仁有毒，过量食入可引起严重中毒。

杏

467

山桃

【识别】落叶小乔木，高5～9米。叶互生，叶片卵状披针形。花单生，花瓣5，阔倒卵形，粉红色至白色。核果近圆形，黄绿色，表面被黄褐色柔毛。果肉离核；核小，坚硬。花期3～4月，果期6～7月。

【分布】分布于河北、山西、陕西、甘肃、山东、河南、四川、云南等地。

【药用】果实成熟后采收，除去果肉和核壳，取出种子，晒干。有活血祛瘀、润肠通便、止咳平喘的功效。主治经闭痛经、癥瘕痞块、肺痈肠痈、跌扑损伤、肠燥便秘、咳嗽气喘。煎服，5～10克，捣碎用。

【食用】春季采摘嫩叶，用沸水焯熟，再用清水浸洗，可以凉拌、炒食。成熟果实可生食，种仁可以榨油食用。

山桃

猫乳

【识别】落叶灌木或小乔木，高2～9米。叶互生，叶片倒卵状长圆形、倒卵状椭圆形或长椭圆形，边缘具细锯齿。聚伞花序腋生，花黄绿色，花瓣5，宽倒卵形，先端微凹。核果圆柱形，成熟时红色或橘红色，干后变黑色或紫黑色。花期5～7月，果期7～10月。

【分布】分布于河北、山西、陕西、山东、江苏、安徽、浙江、江西、河南、湖北、湖南。

【药用】果实成熟后采收，晒干。秋后采根，洗净，切片晒干。有补脾益肾、疗疮的功效。主治体质虚弱、劳伤乏力、疗疮。煎服，6～15克。外用适量，煎水洗。

【食用】3～4月采集嫩茎叶，用沸水焯3～5分钟，再用清水漂洗，可煮粥、做馅、炒食、腌咸菜。

猫乳

酸枣

【识别】落叶灌木，高1～3米。枝上有两种刺，一为针形刺，长约2厘米，一为反曲刺，长约5毫米。叶互生，叶片椭圆形至卵状披针形，边缘有细锯齿，主脉3条。花2～3朵簇生叶腋，小形，黄绿色；花瓣小，5片。核果近球形，熟时暗红色。花期4～5月。果期9～10月。

【分布】分布于辽宁、内蒙古、河北、河南、山东、山西、陕西、甘肃、安徽、江苏等地。

【药用】秋末冬初采收成熟果实，除去果肉和核壳，收集种子，晒干。有养心补肝、宁心安神、敛汗、生津的功效。主治虚烦不眠、惊悸多梦、体虚多汗、津伤口渴。煎服，9～15克。

【食用】秋季采摘红色成熟的酸枣，洗净后可生食、煮汤、做酱。酸枣仁上锅炒熟，与大米煮粥。

酸枣

大枣

【识别】落叶灌木或小乔木，高达10米。长枝平滑，无毛，幼枝纤细略呈"之"形弯曲，紫红色或灰褐色，具2个粗直托叶刺；当年生小枝绿色，下垂，单生或2～7个簇生于短枝上。单叶互生，纸质，叶片卵形、卵状椭圆形，边缘具细锯齿，基生三出脉。花黄绿色，常2～8朵着生于叶腋成聚伞花序，花瓣5，倒卵圆形。核果长圆形或长卵圆形，成熟时红紫色，核两端锐尖。花期5～7月，果期8～9月。

【分布】分布全国各地。

【药用】秋季果实成熟时采收，晒干。有补中益气、养血安神的功效。主治脾虚食少、乏力便溏、妇人脏躁。劈破煎服，6～15克。

【食用】成熟果实可直接食用。

大枣

枇杷

【识别】常绿小乔木。小枝黄褐色，密生锈色或灰棕色绒毛。叶片革质，有灰棕色绒毛，叶片披针形、倒披针形、倒卵形或长椭圆形，上部边缘有疏锯齿，上面光亮、多皱，下面及叶脉密生灰棕色绒毛。圆锥花序顶生，总花梗和花梗密生锈色绒毛；花瓣白色，长圆形或卵形。果实球形或长圆形。花期10～12月。果期翌年5～6月。

【分布】分布于中南及陕西、甘肃、江苏、安徽、浙江、江西、福建、台湾、四川、贵州、云南等地。

【药用】全年均可采收叶，晒至七、八成干时，扎成小把，再晒干。有清肺止咳、降逆止呕的功效。主治肺热咳嗽、气逆喘急、胃热呕逆、烦热口渴。煎服，5～10克。

【食用及毒性】种子及新叶具有小毒，成熟的枇杷果可生食，但要去皮。

枇杷

照山白

【识别】半常绿灌木，高1～2米。单叶互生，叶片革质，椭圆状披针形或狭卵形，有疏浅齿或不明显的细齿。总状花序顶生，花小，乳白色，花冠钟形，5裂，裂片卵形。蒴果圆柱形，褐色，成熟时5裂。花期5～7月，果期7～9月。

【分布】分布于东北、华北及陕西、甘肃、山东、湖北、四川等地。

【药用】夏、秋季采收枝叶，鲜用或晒干。有止咳化痰、祛风通络、调经止痛的功效。主治咳喘痰多、风湿痹痛、腰痛、月经不调、痛经、骨折。煎服，3～4.5克。外用适量，捣敷。

【毒性】全株有大毒，嫩枝叶毒性更大。

照山白

杜鹃

【识别】常绿或半常绿灌木，高达3米。分枝细而多，密被黄色或褐色平伏硬毛。叶卵状椭圆形或倒卵形。花2～6朵簇生枝端，花冠玫瑰色至淡红色，阔漏斗状，裂片近倒卵形，上部1瓣及近侧2瓣有深红色斑点。蒴果卵圆形，密被硬毛。花期4月，果熟期10月。

【分布】分布于河南、湖北及长江以南各地。

【药用】4～5月花盛开时采收花，晒干。有和血、调经、止咳、祛风湿、解疮毒的功效。主治吐血、衄血、崩漏、月经不调、咳嗽、风湿痹痛、痈疖疮毒。煎汤服，9～15克。外用适量，捣敷。

【毒性】全株有毒。

杜鹃

垂柳

【识别】乔木，高可达18米，树冠开展疏散。树皮灰黑色，不规则开裂；枝细，下垂，无毛。芽线形，先端急尖。叶狭披针形，边缘具锯齿。花序先叶或与叶同时开放；雄花序长1.5～3厘米，有短梗，轴有毛；雌花序长达2～5厘米，有梗，基部有3～4小叶。花期3～4月，果期4～5月。

【分布】分布于长江及黄河流域，其他各地均有栽培。

【药用】树皮或根皮（柳白皮）：多在冬、春季采收，趁鲜剥取树皮或根皮，除去粗皮，鲜用或晒干。有祛风利湿、消肿止痛的功效。主治风湿骨痛、风肿瘙痒、黄疸、淋浊、乳痈、疔疮、牙痛、汤火烫伤。煎服，15～30克；外用适量，煎水洗。

垂柳

枝条（柳枝）：春季摘取嫩树枝条，鲜用或晒干。有祛风利湿、解毒消肿的功效。主治风湿痹痛、小便淋浊、黄疸、风疹瘙痒、疔疮、丹毒、龋齿、龈肿。煎服，15～30克；外用适量，煎水洗。

【食用】早春采摘嫩幼叶、嫩花序，用沸水焯熟，再用清水漂洗，可炒食、凉拌。

旱柳

【识别】乔木，高可达 18 米。枝细长，直立或开展，黄色后变褐色，微具短柔毛或无毛。叶披针形，边缘有细锯齿。雌雄异株，雄花序短，圆柱形，长 1.5～2.5 厘米，花序轴有长毛；雌花序很小，长 10～25 毫米，花序轴有柔毛。蒴果，种子极小。花期 4 月，果期 5 月。

【分布】分布于东北、华北、甘肃、青海、山东、安徽等地。

【药用】嫩叶（柳芽）春季采，枝叶春、夏、秋三季均叮采，鲜用或晒干。有散风、祛湿、清湿热的功效。主治黄疸型肝炎、风湿性关节炎、湿疹。

【食用】早春采摘嫩幼叶、嫩花序，用沸水焯熟，再用清水漂洗，可炒食、凉拌。

旱柳

476

毛白杨

【识别】高大乔木，高达30米。树皮灰绿色或灰白色，皮孔菱形散生。芽卵形，花芽卵圆形或近球形，微被毡毛。长枝叶阔卵形或三角状卵形，边缘具波状牙齿；短枝叶通常较小，卵形或三角状卵形，边缘具深波状皮齿。雄花序长10～14厘米，雌花序长4～7厘米。果序长达14厘米；蒴果2瓣裂。花期3～4月，果期4～5月。

【分布】分布于辽宁、河北、山西、陕西、甘肃、江苏、安徽、浙江、河南等地。

【药用】秋、冬季采剥树皮，刮去粗皮，鲜用或晒干。

毛白杨

有清热利湿、止咳化痰的功效。主治肝炎、痢疾、淋浊、咳嗽痰喘。煎汤服，10～15克。外用适量，捣敷。

【食用】4月采摘雄花序，清洗后用开水浸泡2小时以上，反复淘洗，可凉拌、做馅、炒食。

栗树

【识别】落叶乔木，高15～20米。树皮暗灰色，不规则深裂。单叶互生，叶长椭圆形或长椭圆状披针形，叶缘有锯齿。花雌雄同株，雄花序穗状，生于新枝下部的叶腋，被绒毛，淡黄褐色，雄花着生于花序上、中部；雌花无梗，常生于雄花序下部。壳斗刺密

栗树

生，每壳斗有2～3坚果，成熟时裂为4瓣；坚果深褐色，顶端被绒毛。花期4～6月，果期9～10月。

【分布】分布于辽宁以南各地，除青海、新疆以外，均有栽培。

【药用】全年均可剥取树皮，鲜用或晒干。有解毒消肿、收敛止血的功效。主治癫疮、丹毒、口疮、漆疮、便血、鼻衄、创伤出血、跌扑伤痛。煎汤服，5～10克；外用适量，煎水洗。

【食用】8～10月采集种仁，可以煮粥、做菜或炒食。

榆 树

【识别】落叶乔木，树干端直，高达20米。树皮暗灰褐色，粗糙，有纵沟裂；小枝柔软，有毛，浅灰黄色。叶互生，纸质，叶片倒卵形、椭圆状卵形或椭圆状披针形，边缘具单锯齿。花先叶开放，簇成聚伞花序；花被针形，4～5裂；雄蕊与花被同数，花药紫色。翅果近圆形或倒卵形，光滑，先端有缺口，种子位于翅果中央，与缺口相接。花期3～4月，果期4～6月。

【分布】分布于东北、华北、西北、华东、中南、西南及西藏等地。

【药用】春、秋季采收根皮；春季或8～9月间割下老枝条，立即剥取内皮晒干。有利水通淋、祛痰、消肿解毒的功效。主治小便不利、淋浊、带下、咳喘痰多、失眠、内外出血、痈疽、秃疮、疥癣。煎服，9～15克；

榆树

外用适量，煎水洗或捣敷。

【食用】3月下旬至4月中旬采摘嫩果（榆钱），洗净，拌面蒸食、炒食、做馅、做汤。4～5月采摘嫩叶，洗净，做玉米粥或拌面蒸食。

构 树

【识别】落叶乔木，高达10米。单叶互生，叶片卵形，不分裂或3～5深裂，边缘锯齿状，上面暗绿色，具粗糙伏毛，下面灰绿色，密生柔毛。雄花为腋生葇荑花序，下垂；雌花为球形头状花序，有多数棒状苞片，先端

480

构树

圆锥形。聚花果肉质，成球形，橙红色。花期5月，果期9月。

【分布】全国大部分地区有分布。

【药用】秋季果实成熟时采收成熟果实（楮实子），洗净，晒干，除去灰白色膜状宿萼和杂质。有补肾清肝、明目、利尿的功效。主治肝肾不足、腰膝酸软、虚劳骨蒸、头晕目昏、目生翳膜、水肿胀满。煎服，6～9克；外用捣敷。

【食用】3～4月采摘雄蕊未展开伸出的雄花序及未伸展的幼嫩叶，用沸水焯熟，再用清水浸洗，可凉拌或拌面蒸食。果实成熟后采摘，可生食、做果酱。

君迁子

【识别】落叶乔木，高可达30米。树皮灰黑色或灰褐色。单叶互生，叶片椭圆形至长圆形。花簇生于叶腋，花淡黄色至淡红色，花冠壶形。浆果近球形至椭圆形，初熟时淡黄色，后则变为蓝黑色，被白蜡质。花期5～6月，果期10～11月。

【分布】分布于辽宁、河北、山西、陕西、甘肃、山东、江苏、安徽、浙江、江西、河南、湖北、湖南、西南及西藏等地。

【药用】10～11月果实成熟时采收果实，晒干或鲜用。有清热、止渴的功效。主治烦热、消渴。煎服，15～30克。

【食用】10月间采成熟果实，果实去涩后，可生食或做果酱、果脯、果汁、果酒。

君迁子

枳椇

【识别】落叶乔木，高达10米。小枝褐色或黑紫色，被棕褐色短柔毛或无毛，有明显白色的皮孔。叶互生，广卵形，边缘具锯齿，基出3主脉。聚伞花序腋生或顶生，花绿色，花瓣5，倒卵形。果实为圆形或广椭圆形，灰褐色；果梗肉质肥大，红褐色。花期6月，果熟期10月。

【分布】分布于陕西、广东、湖北、浙江、江苏、安徽、福建等地。

【药用】10～11月果实成熟时采收果实或种子（枳椇子）。将果实连果柄摘下，晒干，或碾碎果壳，筛出种子，除去杂质，晒干，生用。有利水消肿、解酒毒的功效。主治水肿证、酒醉。煎服，10～15克。

【食用】秋季采摘肥厚的果柄，洗净后可生食、煮米粥、炖菜、泡酒。

枳椇

大果榕

【识别】乔木，高4～10米。树皮灰褐色，粗糙。叶互生，厚纸质，广卵状心形，边缘具整齐细锯齿。榕果簇生于树干基部或老茎短枝上，大而梨形或扁球形至陀螺形，幼时被白色短柔毛，成熟脱落，红褐色。花期8月至翌年3月，果期5～8月。

【分布】分布于海南、广西、云南、贵州、四川等地。

【药用】果实可治脱肛。

【食用】春季采摘带红色的嫩叶或嫩尖做汤菜，或开水烫后炒食；榕果成熟味甜可食。

大果榕

见血封喉

【识别】常绿乔木，高达30米。全株有乳汁。树干基部粗大，具板状根；树皮灰色，具泡沫状突起。单叶互生，叶片长圆形或椭圆状长圆形，基部圆形或心形，不对称。雄花序头状，着生于叶腋，花序托肉质盘状，花被片4；雌花单生于一带鳞片的梨形花序托内，无花被。果实肉质，梨形，紫色或粉红色。花期春季。

见血封喉

【分布】分布于海南、广西、云南等地。

【药用】夏季采收果实，剥取种子晒干；或割取乳汁干燥。鲜树汁有强心、催吐、泻下、麻醉的功效；种子有解热的功效。

【毒性】见血封喉有剧毒，树液剧毒。

2. 叶对生

卫矛

【识别】落叶灌木。小枝通常四棱形，棱上常具木栓质扁条状翅，翅宽约1厘米或更宽。单叶对生；叶柄极短；叶稍膜质，倒卵形、椭圆形至宽披针形，边缘有细锯齿。聚伞花序腋生，有花3～9朵，花小，淡黄绿色，花瓣4，近圆形，边缘有时呈微波状。蒴果椭圆形，绿色或紫色。花期5～6月，果期9～10月。

【分布】分布于东北及河北、陕西、甘肃、山东、江苏、安徽、浙江、湖北、湖南、四川、贵州、云南等地。

【药用】全年均可采，割取枝条后，取其嫩枝，晒干。或收集其翅状物，晒干。有破血通经、解毒消肿、杀虫的功效。主治癥瘕结块、心腹疼痛、闭经、痛经、崩中漏下、产后瘀滞腹痛、恶露不下、疝气、历节痹痛、疮肿、跌打伤痛、虫积腹痛、烫火伤、毒蛇咬伤。煎服，4～9克。外用适量，捣敷或煎汤洗。

【食用】春季采摘嫩叶，用沸水焯熟，再用清水漂洗，可凉拌、炒食。

卫矛

连翘

【识别】落叶灌木。小枝土黄色或灰褐色，呈四棱形，疏生皮孔，节间中空，节部具实心髓。单叶对生，叶片卵形、宽卵形至椭圆形，边缘有不整齐的锯齿。花先叶开放，腋生，花冠黄色，裂片4。蒴果卵球形，表面疏生瘤点，先端有短喙，成熟时2瓣裂。种子棕色，狭椭圆形，扁平，一侧有薄翅。花期3～5月，果期7～8月。

【分布】分布于我国东北、华北、长江流域至云南。

【药用】秋季果实初熟尚带绿色时采收，除去杂质，蒸熟，晒干，习称"青翘"；果实熟透时采收，晒干，除去杂质，习称"老翘"。有清热解毒、消肿散结、疏散风热的功效。用于痈疽、瘰疬、乳痈、丹毒、风热感冒、温病初起、温热入营、高热烦渴、神昏发斑、热淋涩痛。煎服，6～15克。

连翘

【食用】4～5月采摘叶柄能掐断的嫩茎叶，洗净，用沸水焯熟，再用清水浸泡1天，可炒食、凉拌、做汤、做玉米粥。

木樨

【植物形态】常绿灌木或小乔木，高可达7米，树皮灰白色。叶对生，革质，椭圆形或长椭圆状披针形，全缘或有锐细锯齿。花簇生于叶腋，花冠4裂，分裂达于基部，裂片长椭圆形，白色或黄色，芳香。核果长椭圆形，含种子1枚。花期9～10月。

【分布】我国大部分地区有栽培。

【药用】9～10月开花时采收花（桂花），阴干，拣去杂质，密闭贮藏，防止走失香气及受潮发霉。有化痰、

木樨

散瘀的功效。主治痰饮嘲咳、肠风血痢、疝瘕、牙痛、口臭。煎服，5～10克；或泡茶、浸酒。外用，煎水含漱，或蒸热外熨。

【食用】9～10月间采集花，可炒食、凉拌、做馅、做甜汤、酿酒。

醉鱼草

【识别】落叶灌木，高1～2.5米。单叶对生，叶片纸质，卵圆形至长圆状披针形，全缘或具稀疏锯齿。穗状花序顶生，长18～40厘米，花倾向一侧；花冠细长管状，微弯曲，紫色，先端4裂，裂片卵圆形。蒴果长圆形，有鳞，熟后2裂。花期4～7月，果期10～11月。

醉鱼草

【分布】分布于西南及江苏、安徽、浙江、江西、福建、湖北、湖南、广东、广西等地。

【药用】夏、秋季采收茎叶，切碎，晒干或鲜用。有祛风解毒、驱虫的功效。主治疟腮、痈肿、蛔虫病、钩虫病、诸鱼骨鲠。煎服，10～15克，鲜品15～30克；或捣汁。外用适量，捣敷。

【毒性】花、茎叶及根有毒。

马缨丹

【识别】直立或蔓性灌木。植株有臭味，高1～2米，有时呈藤状，长可达4米。茎、枝均呈四方形，常有下弯的钩刺或无刺。单叶对生，叶片卵形至卵状长圆形，基部楔形或心形，边缘有钝齿。头状花序腋生，花萼筒状，先端有极短的齿；花冠黄色、橙色、粉红色至深红色，花冠管长约1厘米，两面均有细短毛。全年开花。

【分布】我国庭园有栽培。福建、台湾、广东、广西有逸生。

【药用】全年均可采根，鲜用或晒干。有清热泻火、解毒散结的功效。主治感冒发热、胃火牙痛、咽喉炎、疟腮、风湿痹痛、瘰疬痰核。煎汤服，15～30克，鲜品加

马缨丹

倍。外用适量，煎水含漱。本品有毒，内服有头晕、恶心，呕吐等反应，必须掌握用量。

【毒性】全株有毒。

臭牡丹

【识别】灌木，高1～2米。植株有臭味。叶柄、花序轴密被黄褐色或紫色脱落性的柔毛。小枝近圆形，皮孔显著。单叶对生，叶片纸质，宽卵形，边缘有粗或细锯齿。伞房状聚伞花序顶生，花冠淡红色、红色或紫红色，花冠管长2～3厘米，先端5深裂，裂片倒卵形。核果近球形，成熟时蓝紫色。花果期5～11月。

【分布】分布于华北、西北、西南及江苏、安徽、浙

臭牡丹

江、江西、湖南、湖北、广西等地。

【药用】夏季采集茎叶，鲜用或切段晒干。有解毒消肿、祛风湿、降血压的功效。主治痈疽、疔疮、发背、乳痈、痔疮、湿疹、丹毒、风湿痹痛、高血压病。煎服，10～15克，鲜品30～60克。外用适量，煎水熏洗或捣敷。

【毒性】枝叶有小毒。

红背桂

【识别】灌木，高可达1米。小枝具皮孔，光滑无毛。叶对生，叶片薄，长圆形或倒披针状长圆形，边缘疏生浅

红背桂

细锯齿，上面深绿色，下面紫红色。花单性异株；雄花序长1～2厘米；雌花序极短，由3～5朵花组成。蒴果球形，顶部凹陷，基部截平红色，带肉质。种子卵形，光滑。花果期全年。

【分布】我国各地有栽培。

【药用】全年均可采全株，洗净，晒干或鲜用。有祛风湿、通经络、活血止痛的功效。主治风湿痹痛、腰肌劳损、跌打损伤。煎服，3～6克。外用适量，鲜品捣敷。

【毒性】全株有小毒。

（三）叶分裂

无花果

【识别】落叶灌木或小乔木，高达3～10米。全株具乳汁。叶互生，叶片厚膜质，宽卵形或卵圆形，3～5裂，裂片卵形，边缘有不规则钝齿，上面深绿色，粗糙，下面密生细小钟乳体及黄褐色短柔毛，基部浅心形。榕果（花序托）梨形，呈紫红色或黄绿色，肉质，顶部下陷。花、果期8～11月。

【分布】我国各地均有栽培。

【药用】7～10月果实呈绿色时，分批采摘果实（无花果）；或拾取落地的未成熟果实，鲜果用开水烫后，晒干。有清热生津、健脾开胃、解毒消肿的功效。主治咽喉肿痛、燥咳声嘶、乳汁稀少、肠热便秘、食欲不振、消化

无花果

不良、泄泻痢疾、痈肿、癣疾。煎服，9～15克；大剂量可用至30～60克；或生食鲜果1～2枚。外用适量，煎水洗。

【食用】9～10月间采摘成熟果实，可直接食用，也可加工成果脯、果酱、果汁、果酒等。

山里红

【识别】落叶乔木。单叶互生，叶片有2～4对羽状裂片，边缘有不规则重锯齿。伞房花序，花冠白色，花瓣5，倒卵形或近圆形。梨果近球形，直径可达2.5厘米，深红色，有黄白色小斑点。花期5～6月。果期8～10月。

山里红

【分布】分布于华北及山东、江苏、安徽、河南等地。

【药用】秋季果实成熟时采收成熟果实（山楂），切片，干燥。有消食健胃、行气散瘀、化浊降脂的功效。主治肉食积滞、胃脘胀满、泻痢腹痛、瘀血经闭、产后瘀阻、心腹刺痛、胸痹心痛、疝气疼痛、高脂血症。煎服，10～15克，大剂量30克。

【食用】9～10月采摘果实，可以鲜食、水煮、蒸食。

山楂

【识别】形态似山里红，但果形较小，直径1.5厘米；叶片亦较小，且分裂较深。

山楂

【分布】分布于东北及内蒙古、河北、山西、陕西、山东、江苏、浙江、江南等地。

【药用】【食用】同山里红。

木芙蓉

【识别】落叶灌木或小乔木，高2~5米。小枝、叶柄密被星状毛与直毛相混的细绵毛。叶互生，叶宽卵形至卵圆形或心形，常5~7裂。花单生于枝端叶腋间，花初开时白色或淡红色，后变深红色，花瓣近圆形。蒴果扁球形，被淡黄色刚毛和绵毛。花期8~10月。

【分布】华东、中南、西南及辽宁、河北、陕西、台

木芙蓉

湾等地有栽培。

【药用】8～10月采摘初开放的花朵，晒干或烘干。有清热解毒、凉血止血、消肿排脓的功效。主治肺热咳嗽、吐血、目赤肿痛、崩漏、白带、腹泻、腹痛、痈肿、疮疖、毒蛇咬伤、水火烫伤、跌打损伤。煎服，9～15克；鲜品30～60克。外用适量，研末调敷或捣敷。

【食用】7～8月采摘花，用沸水焯熟，可炒食、做汤。

木槿

【识别】落叶灌木，高3～4米。小枝密被黄色星状

木槿

绒毛。叶互生,叶片菱形至三角状卵形,具深浅不同的3裂或不裂,边缘具不整齐齿。花单生于枝端叶腋间,花萼钟形,密被星状短绒毛,裂片5,三角形;花钟形,淡紫色,花瓣倒卵形。蒴果卵圆形。花期7~10月。

【分布】华东、中南、西南及河北、陕西、台湾等地均有栽培。

【药用】夏、秋季选晴天早晨,花半开时采摘花,晒干。有清热利湿、凉血解毒的功效。主治肠风泻血、赤白下痢、痔疮出血、肺热咳嗽、咳血、白带、疮疖痈肿、烫伤。煎服,3~9克,鲜者30~60克。外用适量,研末或鲜品捣烂调敷。

【食用】6~8月采摘花,用沸水焯熟,可炒食、做汤。

羊蹄甲

【识别】乔木或直立灌木，高7～10米；树皮厚，近光滑，灰色至暗褐色。叶硬纸质，近圆形，基部浅心形，先端分裂达叶长的1/3～1/2。总状花序侧生或顶生，花瓣桃红色，倒披针形。荚果带状，扁平，略呈弯镰状，成熟时开裂。花期9～11月；果期2～3月。

【分布】分布于我国南部。

【药用】根、树皮全年可采，叶及花夏季采，晒干。根有止血、健脾的功效；主治咯血、消化不良。树皮有健脾燥湿的功效；主治消化不良、急性胃肠炎。煎服，根、树皮25～50克。叶有润肺止咳的功效；主治咳嗽、便秘。花有消炎的功效；主治肺炎、支气管炎。煎服，叶、

羊蹄甲

花 15 ～ 25 克。

【食用】1 ～ 5 月采花，摘取花瓣直接炒食，花后采摘嫩叶和嫩豆荚，在沸水中烫过后炒食。

八角枫

【识别】落叶小乔木或灌木，高 4 ～ 5 米。树皮平滑，灰褐色。单叶互生，形状不一，常卵形至圆形，全缘或有 2 ～ 3 裂，裂片大小不一，基部偏斜，主脉 4 ～ 6 条。聚伞花序腋生，具小花 8 ～ 30 朵；苞片 1，线形；萼钟状，有纤毛，萼齿 6 ～ 8；花瓣与萼齿同数，白色，线形，反卷。核果黑色，卵形。花期 6 ～ 7 月，果期 9 ～ 10 月。

【分布】分布于长江流域及南方各地。

八角枫

【药用】全年可采，挖取根，洗净，晒干。有祛风除湿、舒筋活络、散瘀止痛的功效。主治风湿痹痛、四肢麻木、跌打损伤。煎汤服，3～6克；或浸酒。外用适量，捣敷或煎汤洗。

【毒性】根有毒，可引起软瘫，甚者因呼吸抑制而死亡。

番木瓜

【识别】乔木，高达8米，茎不分枝，有大的叶痕。叶大，近圆形，通常掌状7～9深裂，每一裂片再为羽状分裂。雄花无柄，排列于一长而下垂、长达1米的圆锥花序上，聚生，草黄色；雌花几无柄，单生或数朵排成伞房花序，花瓣黄白色。果矩圆形或近球形，熟时橙黄色，长10～30厘米；果肉厚，黄色，内壁着生多数黑色的种子。花期全年。

【分布】广东、福

番木瓜

501

建、台湾、广西、云南等地有栽培。

【药用】夏、秋季果实成熟时采摘。有消食下乳、除湿通络、解毒驱虫的功效。主治消化不良、胃十二指肠溃疡疼痛、乳汁稀少、风湿痹痛、肢体麻木、湿疹、烂疮、肠道寄生虫病。煎汤服，9～15克；或鲜品适量生食。外用，取汁涂。

【食用】番木瓜除鲜食外，还可加工成果汁、果酱、蜜饯。

梓 树

梓树

【识别】乔木，高达15米。树冠伞形，主干通直，树皮灰褐色，纵裂；幼枝常带紫色。叶对生或近于对生，叶片阔卵形，长宽近相等，全缘或浅波状，常3浅裂。圆锥花序顶生，花冠钟状，淡黄色，内面具2黄色条纹及紫色斑点。蒴果线形，下垂，长20～30厘米。花期5～6月，果期7～8月。

【分布】分布于长江流域及以北地区。

【药用】秋、冬间摘取成熟果实，晒干。有利水消肿的功效。主治小便不利、浮肿、腹水。水煎服，9～15克。

【食用及毒性】5～6月间采鲜嫩花，除去花萼，用沸水焯熟，再用清水泡1天，炒食或做馅。有文献记载其树皮、果、叶有小毒，故这些部位不宜食用。

刺楸

【识别】落叶大乔木。树皮暗灰棕色，小枝圆柱形，淡黄棕色或灰棕色，具鼓钉状皮刺。叶在长枝上互生，在短枝上簇生，叶柚细长；叶片近圆形或扁圆形，掌状5～7浅裂，裂片三角卵形至长椭圆状卵形，边缘有细锯齿。伞形花序聚生为顶生圆锥花序，花瓣5，三角状卵形，白色或淡黄绿色。核果近球形，成熟时蓝黑色。花期7～10月，果期9～12月。

【分布】分布于东北、华北、华东、中南、西南及陕西、西藏等地。

【药用】全年均可采，剥取树皮，洗净，晒干。有祛风除湿、活血止痛、杀虫止痒的功效。主治风湿痹痛、腰膝痛、痈疽、疮癣。煎服，9～15克；或泡酒。外用适量，煎水洗；或捣敷。

【食用】春季采摘幼芽、嫩叶，用沸水焯熟，再用清水浸洗，可凉拌、炒食。9月采摘嫩花，用沸水焯熟，可炒食、凉拌。10月采摘嫩果，可直接食用。

刺楸

二、复叶

（一）羽状复叶

① 奇数羽状复叶

山刺玫

【识别】直立灌木，高1~2米。枝无毛，小枝及叶柄基部有成对的黄色皮刺，刺弯曲，基部大。奇数羽状复叶，小叶7~9，叶柄和叶轴有柔毛、腺毛和稀疏皮刺；

山刺玫

小叶片长圆形或宽披针形，边缘近中部以上有锐锯齿。花单生或数朵簇生；花瓣粉红色。果球形或卵球形，红色。花期6～7月。果期8～9月。

【分布】分布于东北、华北等地。

【药用】果实在将成熟时摘下，立刻晒干，干后除去花萼，或把新鲜果实切成两半，除去果核，再行干燥。有健脾消食、调经、敛肺止咳的功效。主治消化不良、食欲不振、脘腹胀痛、腹泻、月经不调、痛经、动脉粥样硬化。煎汤服，6～10克。

【食用】果实成熟时采摘，可生食，亦可加工制作饮料、果汁、果酒和果酱等食品。

黄刺玫

【识别】直立灌木，高2～3米；小枝有散生皮刺。

黄刺玫

奇数羽状复叶，小叶7～13，小叶片宽卵形或近圆形，边缘有圆钝锯齿；叶轴、叶柄有稀疏柔毛和小皮刺。花单生于叶腋，重瓣或半重瓣，花瓣黄色，宽倒卵形，先端微凹。果近球形或倒卵圆形，紫褐色或黑褐色。花期4～6月，果期7～8月。

【分布】东北、华北各地常见栽培。

【药用】花、果药用，能理气活血、调经健脾。

【食用】果实成熟时采摘，果实可食、制果酱。

月季花

【识别】矮小直立灌木。小枝粗壮而略带钩状的皮刺或无刺。羽状复叶，小叶3～5，宽卵形或卵状长圆形，边缘有锐锯齿。花单生或数朵聚生成伞房状，花瓣红色或玫瑰色，重瓣。果卵圆形或梨形。花期4～9月。果期6～11月。

月季花

【分布】我国各地普遍栽培。

【药用】全年均可采收，花微开时采摘，阴干或低温干燥。有活血调经、疏肝解郁的功效。主治气滞血瘀、月经不调、痛经、闭经、胸胁胀痛。煎服，2～5克，不宜久煎。亦可泡服，或研末服。外用适量。

　　【食用】花期中随开随摘，煮熟后食用，可以做粥、做汤。

玫瑰花

　　【识别】直立灌木，高约2米。枝干粗壮，有皮刺和刺毛，小枝密生绒毛。羽状复叶，小叶5～9片，椭圆形或椭圆状倒卵形，边缘有钝锯齿，质厚，上面光亮，多皱，无毛，下面苍白色，被柔毛。花单生或3～6朵聚生；花梗有绒毛和刺毛；花瓣5或多数，紫红色或白色，芳香。果扁球形，红色，平滑，萼片宿存。花期5～6

玫瑰花

月，果期8～9月。

【分布】全国各地均有栽培。

【药用】春末夏初花将开放时分批采摘花蕾，及时低温干燥。有行气解郁、和血、止痛的功效。主治肝胃气痛、食少呕恶、月经不调、跌扑伤痛。煎服，1.5～6克。

【食用】采花瓣，去杂洗净，可糖渍、配炒菜、做甜羹、做果酱、泡茶。

缫丝花

【识别】灌木，高1～2.5厘米；树皮灰褐色，成片状剥落；小枝常有成对皮刺。羽状复叶，小叶9～15，

缫丝花

叶柄和叶轴疏生小皮刺；小叶片椭圆形或长圆形，边缘有细锐锯齿。花1～3朵生于短枝顶端；萼裂片5，通常宽卵形，两面有绒毛，密生针刺；花重瓣至半重瓣，外轮花瓣大，内轮较小，淡红色或粉红色。果扁球形，绿色，外面密生针刺。花期5～7月，果期8～10月。

【分布】分布于西南及陕西、甘肃、安徽、浙江、江西、福建、湖北、湖南、西藏等地。

【药用】秋、冬季采果实（刺梨），晒干。有健胃、消食、止泻的功效。主治食积饱胀、肠炎腹泻。煎服，9～15克；或生食。

【食用】7～10月间采摘成熟果实，生食，可做果酱、果汁。

茅莓

【识别】落叶小灌木，被短毛和倒生皮刺。羽状三出复叶互生，顶端小叶较大，阔倒卵形或近圆形，边缘有不规则锯齿，上面疏生长毛，下面密生白色绒毛；花萼5裂，被长柔毛或小刺；花瓣5，粉红色，倒卵形。聚合果球形，熟时红色可食。花期5～6月，果期7～8月。

【分布】生于山坡、路旁，荒地灌丛中和草丛中。分布于华东、中南及四川、河北、山西、陕西。

【药用】秋、冬季挖根，洗净鲜用，或切片晒干。有清热解毒、祛风利湿、活血凉血的功效。主治感冒发热、咽喉肿痛、风湿痹痛、肝炎、肠炎、痢疾、肾炎水肿、尿

路感染、结石、跌
打损伤、咳血、吐
血、崩漏、疔疮肿
毒、腮腺炎。煎汤
服，6～15克；或
浸酒。外用适量，捣
敷或煎汤熏洗。

【食用】6～7
月间采摘成熟果实，
可直接食用、做果
酱、果汁。

茅莓

竹叶椒

【识别】灌木或小乔木，高可达4米。枝直出而扩展，
有弯曲而基部扁平的皮刺，老枝上的皮刺基部木栓化，茎
干上的刺其基部为扁圆形垫状。奇数羽状复叶互生；叶轴
具宽翼和皮刺；小叶片3～5，披针形或椭圆状披针形，
边缘有细小圆齿，主脉上具针刺。聚伞状圆锥花序腋生。
蓇葖果1～2瓣，红色，表面有突起的腺点。花期3～5
月，果期6～8月。

【分布】分布于华东、中南、西南及陕西、甘肃、台

竹叶椒

湾等地。

【药用】6～8月果实成熟时采收果实，将果皮晒干，除去种子备用。有温中燥湿、散寒止痛、驱虫止痒的功效。主治脘腹冷痛、寒湿吐泻、蛔厥腹痛、龋齿牙痛、湿疹、疥癣痒疮。煎服，6～9克；外用适量，煎水洗或含漱；或酒精浸泡外搽。

【食用】春季采摘幼芽，夏季采集嫩茎叶，用沸水焯熟，再用清水浸泡，可凉拌、炒食。

花椒

【识别】落叶灌木或小乔木，高3～7米。茎枝疏生略向上斜的皮刺，基部侧扁。奇数羽状复叶互生，叶轴腹面两侧有狭小的叶翼，背面散生向上弯的小皮刺；叶柄两侧常有一对扁平基部特宽的皮刺；小叶无柄，叶片5～11，卵形或卵状长圆形，边缘具钝锯齿或为波状圆锯齿。聚伞圆锥花序顶生。蓇葖果球形，红色或紫红色，密生粗大而凸出的腺点。花期4～6月，果期9～10月。

【分布】我国大部分地区有分布。

【药用】秋季采收成熟果实，晒干，除去种子和杂质。有温中止痛、杀虫止痒的功效。主治脘腹冷痛、呕吐泄泻、虫积腹痛；外治湿疹、阴痒。煎服，3～6克；外用适量，煎汤熏洗。

【食用】4～5月采摘嫩叶，用沸水焯熟后，可凉拌、油炸。5月采摘嫩果，裹面油炸。

花椒

盐肤木

【识别】落叶小乔木或灌木，高2~10米。小枝棕褐色，被锈色柔毛，具圆形小皮孔。奇数羽状复叶互生，叶轴及柄常有翅；小叶5~13，小叶无柄；小叶纸质，常为卵形或椭圆状卵形或长圆形，边缘具粗锯齿。圆锥花序顶生，多分枝，密被锈色柔毛；花小，黄白色。核果球形，成熟时红色。花期8~9月，果期10月。

【分布】生于灌丛、疏林中。分布于全国各地。

【药用】10月采收成熟的果实（盐肤子），鲜用或晒干。有生津润肺、降火化痰、敛汗止痢的功效。主治痰嗽、喉痹、黄疸、盗汗、痢疾、顽癣、痈毒、头风白屑。煎服，9~15克。外用适量，煎水洗或研末调敷。

【食用】春季采集嫩茎叶，用沸水焯熟，再用清水漂洗去除异味，可凉拌、炒食。

盐肤木

文冠果

【识别】落叶灌木或小乔木，高2～5米。小枝粗壮，褐红色。奇数羽状复叶，互生；小叶9～17，披针形或近卵形，边缘有锐利锯齿，顶生小叶通常3深裂。花序先叶抽出或与叶同时抽出；花瓣5，白色，基部紫红色或黄色，脉纹显著。蒴果近球形或阔椭圆形，有三棱角，室背开裂为三果瓣。花期春季，果期秋初。

【分布】分布于东北和华北及陕西、甘肃、宁夏、安徽、河南等地。

【药用】春、夏季采茎干，剥去外皮取木材，晒干。或取鲜枝叶，切碎熬膏。有祛风除湿、消肿止痛的功效。主治风湿热痹、筋骨疼痛。煎汤服，3～9克；外用适量，熬膏敷。

【食用】采集鲜花和嫩叶，用沸水焯熟，再用清水浸洗，可凉拌食用。

文冠果

楤木

【识别】落叶灌木或乔木。茎直立，通常具针刺。2回或3回单数羽状复叶，羽片有小叶5～11，基部另有小叶1对，卵形至广卵形，先端尖或渐尖，边缘细锯齿。花序大，圆锥状，由多数小伞形花序组成，密被褐色短毛；花萼钟状，先端5齿裂；花瓣5，白色，三角状卵形。浆果状核果，近球形。花期7～8月，果期9～10月。

【分布】分布于河北、山东、河南、陕西、甘肃、安徽、江苏、浙江、湖南、湖北、江西、福建、四川、贵州、云南等地。

【药用】全年可采根皮和茎皮。有祛风除湿、利尿消肿、活血止痛的功效。主治肝炎、淋巴结肿大、肾炎水肿、糖尿病、白带、胃痛、风湿关节痛、腰腿痛、跌打损伤。煎服，30～50克。

【食用】春季采摘幼芽，洗净，用沸水烫一下，再换清水稍浸泡，可凉拌、炒食、油炸、盐渍或和面蒸食。

楤木

辽东楤木

【识别】小乔木，高1.5～3米。树皮密生坚刺，小枝淡黄色，疏生细刺。叶互生，2～3回单数羽状复叶，长可达1米，常集生于枝端；叶柄有刺；小叶多数，卵形或椭圆状卵形，边缘为粗阔的大牙齿或为尖锐小锯齿。由多数小伞形花序组成圆锥花序，花瓣5，淡黄白色。浆果状核果，球形，黑色。花期7～8月，果期9月。

【分布】分布于辽宁、吉林、黑龙江等地。

【药用】春季采收根皮或树皮，晒干。有补气安神、强精滋肾、祛风活血的功效。主治神经衰弱、风湿性关节炎、糖尿病以及阳虚气弱、肾阳不足。煎汤服，25～50克（鲜用50～100克）。外用捣敷。

【食用】4～6月采摘未开展的嫩叶芽，洗净，用沸水焯熟，再用清水浸洗，可炒食、做汤、蘸酱、腌咸菜。

辽东楤木

南天竹

【识别】常绿灌木，高约2米，茎直立，圆柱形，丛生，幼嫩部分常红色。叶互生，革质有光泽，叶柄基部膨大呈鞘状；叶通常为三回羽状复叶，小叶3~5片，小叶片椭圆状披针形，全缘，两面深绿色，冬季常变为红色。大型圆锥花序，花萼片多数，每轮3片，内轮呈白色花瓣状。浆果球形，熟时红色或有时黄色，内含种子2颗，种子扁圆形。花期5~7月，果期8~10月。

【分布】生长于疏林及灌木丛中，多栽培于庭院。分布陕西、江苏、浙江、安徽、江西、福建、湖北、广东、广西、云南、四川、贵州等地。

南天竹

【药用】四季均可采叶，洗净，除去枝梗杂质，晒干。有清热利湿、泻火、解毒的功效。主治肺热咳嗽、百日咳、热淋、尿血、目赤肿痛、疮痈、瘰疬。煎服，9~15克。外用适量，捣烂涂敷。

【毒性】全株有毒。

刺桐

【识别】大乔木。树皮灰褐色，枝有明显叶痕及短圆锥形的黑色直刺。羽状复叶具3小叶，常密集枝端；小叶阔卵形至斜方状卵形，顶端小叶宽大于长；基脉3条，叶柄长10~15厘米。总状花序顶生，长10~16厘米，上有密集、成对着生的花；花萼佛焰苞状，萼口斜裂，由背开裂至基部；花冠碟形，红色。荚果黑色，肥厚，种子间略缢缩。花期3月，果期8月。

【分布】分布于台湾、福建、广东、广西等省区。

【药用】夏、秋剥取干皮或根皮（海桐皮），晒干。有祛风湿、通络止痛、杀虫止痒的功效。主治风湿痹痛、四肢拘挛、腰膝酸痛或麻痹不仁、疥癣、湿疹瘙痒。煎服，5~15克；或酒浸服。外用适量。

【毒性】茎皮有毒。

刺桐

龙牙花

【识别】灌木或小乔木，高3～5米。干和枝条散生皮刺。复叶具3小叶；小叶菱状卵形，先端渐尖而钝或尾状，基部宽楔形，两面无毛，有时叶柄上和下面中脉上有刺。总状花序腋生，长可达30厘米以上；花深红色，花萼钟状。荚果长约10厘米，具梗，先端有喙，在种子间收缢；种子多颗，深红色，有一黑斑。花期6～11月。

【分布】广州、桂林、贵阳（花溪）、西双版纳、杭州和台湾等地有栽培。

【药用】树皮药用，有麻醉、镇静作用。

【毒性】茎皮及种子有毒。

龙牙花

胡桃

【识别】落叶乔木，高20～25米。树皮灰白色，幼时平滑，老时浅纵裂。小枝具明显皮孔。奇数羽状复叶互生，小叶5～9枚，先端1片常较大，椭圆状卵形至长椭圆形，全缘。花与叶同时开放，雄葇荑花序腋生，下垂，花小而密集；雌花序穗状，直立，生于幼枝顶端；花被4裂，裂片线形。果实近球形，核果状，表面有斑点，内果皮骨质，表面凹凸不平，有2条纵棱。花期5～6月，果期9～10月。

【分布】我国南北各地均有栽培。

【药用】秋季果实成熟时采收成熟种子（核桃仁），除

胡桃

去肉质果皮，晒干，再除去核壳和木质隔膜。有补肾、温肺、润肠的功效。主治肾阳不足、腰膝酸软、阳痿遗精、虚寒喘嗽、肠燥便秘。煎服，10～30克。阴虚火旺、痰热咳嗽及便溏者不宜服用。

【食用】秋后采摘成熟果实，堆放沤烂去掉果肉，取果核洗净晒干，去壳得种仁，可生食、做甜菜、凉拌、炒食等。

胡桃楸

【识别】落叶乔木，高达20米。树皮暗灰色。单数羽状复叶，互生；小叶9～17枚，长椭圆形或卵状长椭圆形，边缘有细锯齿。雄花序细长，葇荑状，从上年生的枝节上叶腋间抽出，下垂；雌花序穗状，直立，有花

胡桃楸

5 ~ 10朵，与叶同时开放，花被4。核果球形，先端尖，不易开裂，核卵形，有棱8条。花期5月，果期8 ~ 9月。

【分布】分布东北、河北、河南、山西、甘肃等地。

【药用】夏、秋季采收未成熟绿色果实或放熟果皮，鲜用或晒干。有行气止痛的功效。主治脘腹疼痛、牛皮癣。浸酒服，6 ~ 9克。外用适量，鲜品捣搽患处。

【食用】秋后采摘成熟果实，堆放沤烂去掉果肉，取果核洗净晒干，去壳得种仁，可做甜菜、凉拌、炒食等。

槐

【识别】落叶乔木，高达25米。树皮灰色或深灰色，粗糙纵裂；枝棕色，皮孔明显。单数羽状复叶互生，叶柄基部膨大；小叶7 ~ 15，卵状长圆形或卵状披针形，全缘。圆锥花序顶生；花乳白色，花冠蝶形，旗瓣同心形，有短爪。荚果有节，呈连珠状。花期7 ~ 8月，果期10 ~ 11月。

【分布】我国大部地区有分布。

【药用】夏季花开

槐

放或花蕾形成时采收花及花蕾（槐花），即时干燥，除去枝、梗及杂质。前者习称"槐花"，后者习称"槐米"。有凉血止血、清肝泻火的功效。主治便血、痔血、血痢、崩漏、吐血、衄血、肝热目赤、头痛眩晕。煎服，10~15克。外用适量。

【食用及毒性】有文献记载槐的花、叶、茎皮及荚果有毒。也有文献记载可食，具体食用方法为：4~5月采摘叶柄能掐断的幼叶，用沸水浸烫一下，再换清水浸泡，可炒食、凉拌；7月采摘花蕾，去杂洗净，用沸水浸烫一下，再换清水浸泡，用于煮汤，制作糕饼。不建议食用，更不可大量、长期食用。

刺槐

【识别】落叶乔木，通常高约15米。树皮灰褐色，深纵裂；小枝暗褐色，具刺针。奇数羽状复叶，小叶7~19，小叶椭圆形、长圆形或卵圆形，全缘。总状花序腋生，下垂；花萼钟状，先端浅裂成5齿，微呈二唇形；花冠白色，芳香，旗瓣近圆形，有爪，基都有2黄色斑点，翼瓣弯曲，龙骨瓣向内弯，下部连合。荚果条状长椭圆形，扁平，赤褐色，腹缝线上有窄翅，种子间不具横隔膜。花期4~6月，果期7~8月。

【分布】全国各地广为栽培。

【药用】6~7月盛开时采收花序，摘下花，晾干。有止血的功效。主治咯血、大肠下血、吐血、崩漏。煎

刺槐

服，9 ～ 15 克；或泡茶饮。

【食用及毒性】有文献记载茎皮、叶、豆荚和种子有毒。有关文献记载的食用方法为：春季采摘的幼芽，用沸水焯熟，再用清水浸泡，可炒食、凉拌；采摘花蕾，用沸水焯熟，再用清水浸泡，可炒食、做汤、做馅。

苦木

【识别】落叶乔木，高达10余米；树皮紫褐色，平滑，有灰色斑纹。叶互生，奇数羽状复叶，小叶9 ～ 15，卵状披针形或广卵形，边缘具不整齐的粗锯齿。复聚伞花序腋生，花序轴密被黄褐色微柔毛；萼片小，通常5，卵

苦木

形或长卵形，覆瓦状排列；花瓣与萼片同数，卵形或阔卵形。核果成熟后蓝绿色，种皮薄，萼宿存。花期4～5月，果期6～9月。

【分布】分布于黄河流域及其以南各省区。

【药用】夏、秋二季采收枝和叶，干燥。有清热解毒、祛湿的功效。主治风热感冒、咽喉肿痛、湿热泻痢、湿疹、疮疖、蛇虫咬伤。煎服，枝3～4.5克，叶1～3克。外用适量。

【食用】春季采摘嫩叶芽，用沸水焯熟，再用清水浸洗去除苦味，可凉拌、清炒、做菜饼、做馅。

臭椿

【识别】落叶乔木。树皮平滑有直的浅裂纹，嫩枝赤褐色。奇数羽状复叶互生，小叶13～25，揉搓后有臭味，卵状披针形，全缘，仅在基部有1～2对粗锯齿。圆锥花序顶生，花小，绿色，花瓣5。翅果长圆状椭圆形。花期4～5月，果熟期8～9月。

【分布】分布几遍及全国各地。

【药用】全年均可剥取根皮或干皮（椿皮），晒干，或刮去粗皮晒干。有清热燥湿、收敛止带、止泻、止血的功效。主治赤白带下、湿热泻痢、久泻久痢、便血、崩漏。煎服，6～9克。外用适量。

【食用】春季采摘幼芽，用沸水焯熟，再用清水浸泡，可凉拌、炒食。

臭椿

漆树

【识别】落叶乔木，高达20米。树皮灰白色，粗糙，呈不规则纵裂。奇数羽状复叶互生，小叶4～6对，卵形、卵状椭圆形或长圆形，全缘。圆锥花序长15～30厘米，花黄绿色。果序稍下垂，核果肾形或椭圆形。花期5～6月，果期7～10月。

【分布】全国除黑龙江、吉林、内蒙古、新疆以外，各地均有分布。

【药用】割伤漆树树皮，收集自行流出的树汁为生漆，干固后凝成的团块即为干漆。但商品多收集漆缸壁或底部粘着的干渣，经煅制后入药。有毒。有破瘀通经、消积杀虫的作用。主治瘀血经闭、癥瘕积聚、虫积腹痛。煎服，2～5克。

【毒性】树的汁液有毒。

漆树

南酸枣

【识别】落叶乔木，高8～20米。树干挺直，树皮灰褐色，纵裂呈片状剥落，小枝粗壮，暗紫褐色，具皮孔。奇数羽状复叶互生，小叶7～15枚，对生，膜质至纸质，卵状椭圆形或长椭圆形，全缘。聚伞状圆锥花序顶生或腋生，雄花和假两性花淡紫红色。核果椭圆形或倒卵形，成熟时黄色，中果皮肉质浆状。花期4月，果期8～10月。

【分布】分布于安徽、浙江、江西、福建、湖北、湖南、广东、海南、广西、贵州、云南、西藏等地。

【药用】秋季果实成熟时采收，除去杂质，干燥。有行气活血、养心、安神的功效。主治气滞血瘀、胸痹作痛、心悸气短、心神不安。煎服，1.5～2.5克。

【食用】果实成熟时采摘，可生食、酿酒或制酸枣糕。

南酸枣

栾树

【识别】落叶乔木或灌木。树皮厚，灰褐色至灰黑色。叶丛生于当年生枝上，羽状复叶，小叶纸质，11～18片，卵形、阔卵形至卵状披针形，边缘有不规则的钝锯齿。聚伞圆锥花序；花淡黄色，花瓣4。蒴果圆锥形，具三棱，先端渐尖，果瓣卵形，外面有网纹。种子近球形。花期6～8月，果期9～10月。

【分布】常栽培作庭园观赏树。产于我国大部分地区。

【药用】6～7月采花，阴干或晒干。有清肝明目的功效。主治目赤肿痛、多泪。煎服，3～6克。

【食用】春季采集嫩芽，用沸水焯熟，再用清水浸洗去除异味，可凉拌、炒食、做粥。

栾树

苦楝

【识别】落叶乔木，高达10余米；树皮灰褐色，纵裂。叶为2～3回奇数羽状复叶，小叶对生，卵形、椭圆形至披针形，边缘有钝锯齿，幼时被星状毛，后两面均无毛。圆锥花序，花萼5深裂，裂片卵形或长圆状卵形；花瓣淡紫色，倒卵状匙形。核果球形至椭圆形。花期4～5月，果期10～12月。

【分布】分布于我国黄河以南各省区。

【药用】春、秋二季剥取树皮和根皮（苦楝皮），晒干，或除去粗皮，晒干。有杀虫、疗癣的功效。主治蛔虫病、蛲虫病、虫积腹痛，外治疥癣瘙痒。煎服，4.5～9

苦楝

克，鲜品 15 ~ 30 克。外用适量。

【毒性】全株有毒，果实毒性最大。

川楝

【识别】乔木，高达 10 米。二至三回奇数羽状复叶，羽片 4 ~ 5 对；小叶卵形或窄卵形，长 4 ~ 10 厘米，宽 2 ~ 4 厘米，全缘或少有疏锯齿。圆锥花序腋生；花瓣 5 ~ 6，淡紫色，狭长倒披针形。核果椭圆形或近球形，黄色或粟棕色，果皮为坚硬木质，有棱。花期 3 ~ 4 月，果期 9 ~ 11 月。

【分布】我国南方各地均有分布，以四川产者为佳。

川楝

【药用】冬季果实成熟时采收果实（川楝子），除去杂质，干燥。有疏肝泄热、行气止痛、杀虫的功效。主治肝郁化火、胸胁、脘腹胀痛、疝气疼痛、虫积腹痛。煎服，4.5 ~ 9克。外用适量。炒用寒性减低。

【毒性】全株有毒，果实毒性最大。

2. 偶数羽状复叶

皂荚

【识别】落叶乔木，高达15米。棘刺粗壮，红褐色。双数羽状复叶，小叶4～7对，小叶片卵形、卵状披针形或长椭圆状卵形，边缘有细锯齿。总状花序腋生及顶生，花瓣4，淡黄白色，卵形或长椭圆形。荚果直而扁平，被白色粉霜。花期5月，果期10月。

【分布】全国大部分地区有分布。

【药用】秋季果实成熟时采摘，晒干。有祛痰开窍、散结消肿的功效。用于中风口噤、昏迷不醒、癫痫痰盛、关窍不通、喉痹痰阻、顽痰喘咳、咳痰不爽、大便燥结、外治痈肿。研末

皂荚

皂荚

服，1～1.5克；亦可入汤剂，1.5～5克。外用适量。

【毒性】豆荚、种子、叶及茎皮有毒。

香椿

【识别】多年生落叶乔木。树皮暗褐色，成片状剥落。偶数羽状复叶互生，有特殊气味；叶柄红色，基部肥大；小叶8～10对，叶片长圆形至披针状长圆形，全缘或有疏锯齿。圆锥花序顶生，花瓣5，白色，卵状椭圆形。蒴果椭圆形或卵圆形。种子椭圆形，一端有翅。花期5～6

月，果期9月。

【分布】分布于华北、华东、中南、西南及台湾、西藏等地。

【药用】全年均可采树皮或根皮（椿白皮），干皮可从树上剥下，鲜用或晒干；根皮须先将树根挖出，刮去外面黑皮，以木捶轻捶之，使皮部与木质部分离，再行剥取，并宜仰面晒干，以免发霉发黑，亦可鲜用。有清热燥湿、涩肠、止血、止带、杀虫的功效。主治泄泻、痢疾、肠风便血、崩漏、带下、蛔虫病、丝虫病、疮癣。煎服，6～15克；外用适量，煎水洗。

【食用】谷雨前后采摘嫩叶及嫩芽，在沸水中焯烫后淘洗干净，可凉拌、炒食、油炸或腌制。

香椿

龙眼

【识别】常绿乔木，高达10米以上。幼枝被锈色柔毛。偶数羽状复叶互生，小叶2～5对，互生，革质，椭圆形至卵状披针形，全缘或波浪形，暗绿色。圆锥花序顶生或腋生，花小，黄白色，花瓣5，匙形。核果球形，外皮黄褐色，粗糙。花期3～4月，果期7～9月。

【分布】分布福建、台湾、广东、广西、云南、贵州、四川等地。

【药用】夏、秋二季采收成熟果实，干燥，除去壳、核，晒至干爽不黏。有补益心脾、养血安神的功效。主治气血不足、心悸怔忡、健忘失眠、血虚萎黄。煎服，10～25克；大剂量30～60克。

【食用】果实成熟时采摘，果肉可生食。

龙眼

无患子

【识别】落叶大乔木，嫩枝绿色。偶数羽状复叶，互生，小叶5～8对，长椭圆状披针形或稍呈镰形先端短尖。圆锥形花序顶生，花小，辐射对称，花瓣5，披针形，有长爪。核果肉质，果的发育分果爿近球形，橙黄色，干时变黑。花期春季，果期夏秋。

【分布】分布于华东、中南至西南地区。各地常见栽培。

【药用】秋季采摘成熟果实，除去果肉和果皮，取种子晒干。有小毒。有清热、祛痰、消积、杀虫的功效。主治喉痹肿痛、肺热咳喘、音哑、食滞、疳积、蛔虫腹痛、滴虫性阴道炎、癣疾、肿毒。煎服，3～6克；外用适量，烧灰或研末吹喉、擦牙，或煎汤洗、熬膏涂。

【应用及毒性】果实及种子有毒。

无患子

腊肠树

【识别】落叶乔木或中等小乔木，高可达15米。树皮粗糙，暗褐色。叶互生，有柄，叶柄基部膨大；偶数羽状复叶，小叶3～4对，对生，叶片阔卵形、卵形或长圆形，全缘。总状花序疏松，下垂；花与叶同时开放；花瓣黄色，5片，倒卵形，近等大，脉明显。荚果圆柱形，黑褐色，不开裂，有3条槽纹。花期6～8月，果期10月。

【分布】我国南部各地有栽培。

【药用】9～10月果实未成熟时采收，晒干。有清热通便、化滞止痛的功效。主治便秘、胃脘痛、疳积。煎服，4～8克。

【食用】4、5月采摘嫩叶，5、6月采摘花，于沸水中焯熟，再用清水漂洗，炒食或做汤。

腊肠树

枫杨

【识别】落叶乔木，高18～30米。树皮黑灰色，深纵裂。叶互生，多为偶数羽状复叶，叶轴两侧有狭翅，小叶10～28枚，长圆形至长椭圆状披针形，边缘有细锯齿，表面有细小的疣状突起。葇荑花序，与叶同时开放，花单性，雌雄同株，雄花序单生于去年生的枝腋内，雌花序单生新枝顶端。果序长20～45厘米，小坚果长椭圆形，常有纵脊，两侧有由小苞片发育增大的果翅，条形或阔条形。花期4～5月，果期8～9月。

【分布】现广泛栽培于庭园或道旁。

【药用】夏、秋季剥取树皮，鲜用或晒干。有祛风止痛、杀虫、敛疮的功效。主治风湿麻木、寒湿骨痛、头颅伤痛、齿痛、疥癣、浮肿、痔疮、烫伤、溃疡日久不敛。外用适量，煎水含漱或熏洗，或乙醇浸搽。有毒，不宜内服。

【毒性】叶、树皮有毒。

枫杨

539

合欢

【识别】落叶乔木。二回羽状复叶，互生，总花柄近基部及最顶1对羽片着生处各有一枚腺体；羽片4 ~ 12对，小叶10 ~ 30对，线形至长圆形。头状花序生于枝端，花淡红色；花冠漏斗状，先端5裂，裂片三角状卵形。荚果扁平。花期6 ~ 8月，果期8 ~ 10月。

【分布】分布于东北、华东、中南及西南各地。

【药用】夏季花开放时择晴天采收或花蕾形成时采收，及时晒干。前者习称"合欢花"，后者习称"合欢米"。有解郁安神的功效。主治心神不安、忧郁失眠。煎服，5 ~ 10克。

合欢

夏、秋二季剥取树皮（合欢皮），晒干。有解郁安神、活血消肿的功效。主治心神不安、忧郁失眠、肺痈、疮肿、跌扑伤痛。煎服，6～12克。

　　【食用】春季采集未伸展开的幼芽，用沸水焯熟，再用清水浸泡1天，可凉拌、炒食。6月采摘花序，用沸水焯熟，再用清水浸泡，可煮粥。

锦鸡儿

　　【识别】小灌木，高达1～2米。茎直立或多数丛生，小枝细长有棱，黄褐色或灰色。托叶2枚，狭锥形，常硬化而成针刺；双数羽状复叶，小叶4，倒卵形，先端圆或凹，上部一对小叶常较下方一对为大。花单生，黄色而带红，凋谢时褐红色；花萼钟状，萼齿阔三角形；花冠蝶形，

锦鸡儿

旗瓣狭倒卵形，基部带红色，龙骨瓣阔而钝。荚果两侧稍压扁，无毛。花期4～6月。

【分布】分布于河北、山东、陕西、江苏、浙江、安徽、江西、湖北、湖南、四川、贵州、云南等地。

【药用】根（金雀根）：全年可采，洗净泥沙，除去须根及黑褐色栓皮，鲜用或晒干用。有补气、利尿、活血、止痛的功效。主治体虚乏力、浮肿、跌打损伤、风湿痹痛、产后乳汁不下。

花（金雀花）：4月中旬采收花，晒干。有活血祛风、止咳、强壮的功效。主治风湿痛、头晕、头痛、肺虚久咳及小儿疳积等症。5～15克，煎服。

【食用】采摘花蕾，用沸水焯熟，再用清水浸泡，可炒食、做汤。

黄连木

【识别】落叶乔木，高达20米以上。树皮暗褐色，呈鳞片状剥落。偶数羽状复叶互生，小叶5～7对，小叶对生或近对生，纸质，披针形或卵状披针形或线状披针形，全缘。圆锥花序顶生；雄花排成密集总状花序，雌花排成疏散圆锥花序。核果倒卵状球形，成熟时紫红色。花期3～4月，果期9～11月。

【分布】分布于华东、中南、西南及河北、陕西、甘肃、台湾等地。

【药用】春季采集叶芽，鲜用；夏、秋季采叶，鲜用

黄连木

或晒干；根及树皮全年可采，洗净，切片，晒干。有清暑、生津、解毒、利湿的功效。主治暑热口渴、咽喉肿痛、口舌糜烂、吐泻、痢疾、淋证、无名肿毒、疮疹。煎汤服，15～30克；外用适量，捣汁涂或煎水洗。

【食用】春季采集幼芽，用沸水焯熟，再用清水漂洗去除异味，可凉拌、炒食。

（二）掌状复叶

牡荆

【识别】落叶灌木或小乔木，植株高1～5米。掌状复叶对生，小叶5，中间1枚最大；叶片披针形或椭圆状披针形，边缘具粗锯齿。圆锥花序顶生，花冠淡紫色，先端5裂，二唇形。果实球形，黑色。花、果期7～10月。

【分布】分布于华东及河北、湖南、湖北、广东、广西、四川、贵州。

【药用】生长季节均可采收叶，鲜用或晒干。有解表化湿、祛痰平喘、解毒的功效。主治伤风感冒、咳嗽哮喘、胃痛、腹痛、暑湿泻痢、脚气肿胀、风疹瘙痒、脚癣、乳痈肿痛、蛇虫咬伤。煎服9～15克，鲜者可用至30～60克；外用适量，捣敷；或煎水熏洗。

【食用】春季至夏季采集嫩芽叶，用沸水焯熟，再用清水浸洗去异味，可炒食、凉拌。

牡荆

黄荆

【识别】直立灌木，植株高1～3米。小枝四棱形，与叶及花序通常被灰白色短柔毛。掌状复叶，小叶5，小叶片长圆状披针形至披针形，全缘或有少数粗锯齿。聚伞花序排列成圆锥花序式顶生，花冠淡紫色，先端5裂，二唇形。核果褐色，近球形。花期4～6月，果期7～10月。

【分布】分布于长江以南各地。

【药用】8～9月采摘果实（黄荆子），晾晒干燥。有祛风解表、止咳平喘、理气消食止痛的功效。主治伤风感冒、咳嗽、哮喘、胃痛吞酸、消化不良、食积泻痢、胆囊炎、胆结石、疝气。煎服，5～10克。

黄荆

【食用】3～5月未开花前采摘叶柄能掐断的嫩叶，用沸水焯熟，再用清水漂洗去异味，可炒食。

五加

【识别】灌木，高2～3米。枝灰棕色，软弱而下垂，蔓生状，节上通常疏生反曲扁刺。掌状复叶互生，小叶5，中央一片最大，倒卵形至倒披针形，边缘有细锯齿。伞形花序腋生或单生于短枝顶端，花黄绿色，花瓣5。核果浆果状，扁球形，成熟时黑色。花期4～7月，果期7～10月。

【分布】分布于中南、西南及山西、陕西、江苏、安

五加

徽、浙江、江西、福建等地。

【药用】夏、秋二季采挖根部，洗净，剥取根皮，晒干。有祛风除湿、补益肝肾、强筋壮骨、利水消肿的功效。主治风湿痹病、筋骨痿软、小儿行迟、体虚乏力、水肿、脚气。煎服，4.5～9克；或酒浸。

【食用】春季采摘幼芽，用沸水焯熟，再用清水浸泡半天，可凉拌、炒食、做汤、晒干菜。

刺五加

【识别】落叶灌木，高达2米。茎密生细长倒刺。掌状复叶互生，小叶5，叶片椭圆状倒卵形至长圆形，边缘具重锯

刺五加

齿或锯齿。伞形花序顶生，花瓣5，卵形，黄色带紫。核果浆果状，紫黑色，近球形。花期6～7月，果期7～9月。

【分布】分布于东北及河北、山西等地。

【药用】春、秋二季采收根和根茎或茎，洗净，干燥。有益气健脾、补肾安神的功效。主治脾肺气虚、体虚乏力、食欲不振、肺肾两虚、久咳虚喘、肾虚腰膝酸痛、心脾不足、失眠多梦。煎服，9～27克。

【食用】春季采摘幼芽，用沸水焯熟，再用清水浸泡半天，可凉拌、炒食、做汤、煮粥、晒干菜。

无梗五加

【识别】灌木或小乔木，高2～5米。枝灰色，无刺

无梗五加

或疏生刺；刺粗壮，直或弯曲。掌状复叶，有小叶3～5，小叶片纸质，倒卵形或长圆状倒卵形至长圆状披针形，边缘有不整齐锯齿。头状花序紧密，球形，有花多数；花瓣5，卵形，浓紫色。果实倒卵状椭圆球形，黑色。花期8～9月，果期9～10月。

【分布】分布于黑龙江、吉林、辽宁、河北和山西。

【药用】全年可采叶，晒干或鲜用。有散风除湿、活血止痛、清热解毒的功效。主治皮肤风湿、跌打肿痛、疝痛、丹毒。煎汤服，6～15克；或泡酒。外用适量，研末调敷；或鲜品捣敷。

【毒性】根皮毒性较大。

参考文献

[1] 国家中医药管理局中华本草编委会. 中华本草. 上海：
上海科学技术出版社，1999.

[2] 南京中医药大学. 中药大辞典（第2版）. 上海：上海
科学技术出版社，2014.

[3] 中国科学院中国植物志编辑委员会. 中国植物志. 北
京：科学技术出版社，1961—1998.

[4] 中国科学院植物研究所. 中国高等植物图鉴. 北京：科
学技术出版社，1972—1983.

[5] 陈冀胜，郑硕. 中国有毒植物. 北京：科学出版社，
1987.

[6] 中国科学院植物研究所. 中国野菜图谱. 北京：解放军
出版社，1989.

[7] 吴棣飞，孙光闻. 食用蔬菜与野菜. 汕头：汕头大学出
版社，2009.

[8] 周自恒. 中国的野菜. 海口：南海出版社，2010.

[9] 刘全儒. 常见有毒和致敏植物. 北京：化学工业出版
社，2012.

[10] 董淑炎. 400种野菜采摘图鉴. 北京：化学工业出版社，2012.

[11] 车晋滇. 二百种野菜鉴别与食用手册. 北京：化学工业出版社，2012.

[12] 朱强. 中国野菜400种原色图鉴. 南京：江苏科学技术出版社，2015.

索　引

A

阿尔泰狗娃花　/ 113

阿拉伯婆婆纳　/ 321

艾蒿　/ 157

凹叶厚朴　/ 436

B

八宝景天　/ 092

八角枫　/ 500

八角莲　/ 286

菝葜　/ 382

白车轴草　/ 231

白花败酱　/ 107

白花前胡　/ 145

白花蛇舌草　/ 128

白鹃梅　/ 424

白茅　/ 278

白木通　/ 410

白屈菜　/ 168

白术　/ 172

白头翁　/ 240

白薇　/ 062

白英　/ 350

百合　/ 114

百里香　/ 329

斑叶地锦　/ 325

半边莲　/ 316

半夏 / 294

薄荷 / 096

宝盖草 / 198

抱茎苦荬菜 / 164

北苍术 / 171

北马兜铃 / 348

北五味子 / 391

闭鞘姜 / 057

蓖麻 / 190

薜荔 / 384

萹蓄 / 319

蝙蝠葛 / 370

扁茎黄芪 / 332

播娘蒿 / 140

博落回 / 207

草本威灵仙 / 101

草木樨 / 236

草乌 / 192

柴胡 / 118

常春藤 / 385

长叶车前 / 248

朝天委陵菜 / 337

车前 / 246

臭椿 / 527

臭牡丹 / 491

川楝 / 532

川芎 / 149

穿龙薯蓣 / 369

穿心莲 / 065

垂柳 / 475

垂盆草 / 331

垂丝海棠 / 463

刺儿菜 / 028

C

苍耳 / 202

刺槐 / 524

刺楸 / 503

刺桐 / 519

刺五加 / 547

刺苋 / 042

葱莲 / 267

楤木 / 516

粗茎鳞毛蕨 / 292

翠雀 / 194

D

打碗花 / 364

大百部 / 358

大果榕 / 484

大火草 / 241

大戟 / 031

大蓟 / 167

大麻 / 187

大枣 / 471

丹参 / 215

淡竹 / 125

淡竹叶 / 123

党参 / 359

地肤 / 109

地瓜儿苗 / 097

地黄 / 249

地锦草 / 324

地榆 / 213

滇黄精 / 137

丁公藤 / 386

东北天南星 / 284

东北土当归 / 225

东风菜 / 073

冬葵 / 184

独行菜 / 199

独角莲　/ 252

杜衡　/ 253

杜鹃　/ 474

多花黄精　/ 029

多序岩黄芪　/ 219

E

鹅绒藤　/ 351

F

番木瓜　/ 501

翻白草　/ 289

反枝苋　/ 043

防风　/ 142

飞扬草　/ 322

肥皂草　/ 064

费菜　/ 071

粉防己　/ 342

风轮菜　/ 098

枫杨　/ 539

凤仙花　/ 076

凤眼莲　/ 304

扶芳藤　/ 394

浮萍　/ 302

附地菜　/ 021

G

甘草　/ 220

甘遂　/ 120

杠板归　/ 343

杠柳　/ 389

藁本　/ 147

隔山消　/ 356

钩藤　/ 380

钩吻　/ 387

枸杞　/ 421

构树　/ 480

栝楼　/ 366

关苍术　/ 162

光皮木瓜　/ 461

光叶菝葜　/ 383

龟背竹　/ 174

鬼针草　/ 152

过路黄　/ 326

H

海芋　/ 049

海州常山　/ 455

含羞草　/ 216

蕺菜　/ 139

旱柳　/ 476

合欢　/ 540

何首乌　/ 339

荷包牡丹　/ 197

黑三棱　/ 308

红背桂　/ 492

红花　/ 082

红花酢酱草　/ 233

红蓼　/ 051

厚朴　/ 435

忽地笑　/ 268

胡桃　/ 521

胡桃楸　/ 522

胡颓子　/ 416

湖北麦冬　/ 272

虎掌　/ 285

虎杖　/ 055

花椒　/ 512

华北大黄　/ 250

华中五味子　/ 392

槐 / 523

黄蝉 / 457

黄刺玫 / 506

黄独 / 346

黄花败酱 / 179

黄花菜 / 259

黄花夹竹桃 / 429

黄荆 / 545

黄精 / 136

黄连木 / 542

黄杨 / 451

活血丹 / 323

火炭母 / 037

藿香 / 099

J

鸡冠花 / 034

鸡矢藤 / 357

鸡腿堇菜 / 075

积雪草 / 314

蒺藜 / 334

荠菜 / 141

荠苨 / 081

嘉兰 / 345

夹竹桃 / 458

荚果蕨 / 291

尖尾芋 / 048

剪刀股 / 245

碱地蒲公英 / 282

碱蓬 / 110

见血封喉 / 485

箭头唐松草 / 226

箭叶淫羊藿 / 229

绞股蓝 / 376

接骨草 / 214

节节草 / 296

金莲花 / 196

金纽扣 / 094

金银木 / 446

金樱子 / 412

锦鸡儿 / 541

锦葵 / 200

救荒野豌豆 / 374

桔梗 / 103

菊 / 153

菊蒿 / 159

菊芋 / 106

卷丹 / 116

决明 / 221

蕨菜 / 290

君迁子 / 482

K

檵藤 / 404

空心莲子菜 / 327

苦参 / 223

苦豆子 / 224

苦苣菜 / 163

苦楝 / 531

苦木 / 525

阔叶麦冬 / 273

L

拉拉藤 / 361

腊肠树 / 538

蜡梅 / 449

狼杷草 / 181

老鹳草 / 208

了哥王 / 453

雷公藤 / 396

犁头尖 / 251

藜 / 046

藜芦 / 058

鳢肠 / 083

栗树 / 478

连翘 / 487

莲 / 299

莨菪 / 166

两面针 / 407

辽东楤木 / 517

辽藁本 / 148

裂叶荆芥 / 178

裂叶牵牛 / 372

铃兰 / 255

凌霄 / 402

柳叶白前 / 132

柳叶菜 / 077

龙葵 / 078

龙牙花 / 520

龙芽草 / 212

龙眼 / 536

蒌蒿 / 165

楼斗菜 / 243

芦苇 / 312

栾树 / 530

轮叶沙参 / 104

罗勒 / 095

萝藦 / 353

络石 / 388

葎草 / 363

M

麻叶荨麻 / 210

马鞭草 / 177

马齿苋 / 317

马兜铃 / 349

马兰 / 085

马蔺 / 262

马桑 / 452

马缨丹 / 490

麦蓝菜 / 060

麦门冬 / 271

蔓生白薇 / 354

蔓生百部 / 362

牻牛儿苗 / 330

莽草 / 428

猫乳 / 469

毛白杨 / 477

毛地黄 / 089

毛茛 / 195

毛曼陀罗 / 047

毛樱桃 / 466

茅莓 / 510

玫瑰花 / 508

美洲凌霄 / 403

美洲商陆 / 054

蒙古黄芪 / 218

米口袋 / 288

蜜花豆 / 414

绵枣儿 / 265

棉团铁线莲 / 182

膜荚黄芪 / 217

茉莉花 / 442

牡荆 / 543

木鳖 / 371

木防己 / 377

木芙蓉 / 496

木槿 / 497

木通 / 408

木樨 / 488

木油桐 / 441

木贼 / 297

苜蓿 / 237

牛膝菊 / 093

女贞 / 443

N

南苍术 / 205

南苜蓿 / 333

南蛇藤 / 393

南酸枣 / 529

南天竹 / 518

泥胡菜 / 158

宁夏枸杞 / 422

牛蒡 / 052

牛扁 / 193

牛繁缕 / 328

牛角瓜 / 454

牛奶子 / 417

牛膝 / 059

P

爬山虎 / 367

泡桐 / 439

蓬子菜 / 135

枇杷 / 472

平车前 / 247

蒲公英 / 281

Q

七叶一枝花 / 070

漆树 / 528

祁州漏芦 / 151

千金藤 / 379

千里光 / 347

千屈菜 / 102

芡 / 301

茜草 / 360

青杆竹 / 126

青蒿 / 160

青藤 / 378

青葙 / 032

苘麻 / 091

瞿麦 / 127

雀儿舌头 / 425

雀麦 / 122

雀瓢 / 355

R

忍冬 / 381

肉桂 / 438

乳浆大戟 / 121

瑞香狼毒 / 030

S

三白草 / 035

三裂叶蛇葡萄 / 399

三叶木通 / 411

三叶委陵菜 / 230

桑 / 459

缫丝花 / 509

沙棘 / 420

沙枣 / 419

莎草 / 277

山刺玫 / 505

山韭 / 264

山里红 / 494

山桃 / 468

山楂 / 495

山茱萸 / 447

珊瑚菜 / 280

珊瑚樱 / 456

商陆 / 053

芍药 / 242

蛇床 / 143

蛇含委陵菜 / 336

蛇莓 / 335

蛇葡萄 / 397

射干 / 261

蓍草 / 176

石菖蒲 / 276

石刁柏 / 295

石榴 / 448

石蒜 / 269

石竹 / 130

使君子 / 390

柿 / 437

蜀葵 / 185

薯蓣 / 368

水菖蒲 / 275

水葱 / 311

水仙 / 270

水烛香蒲 / 309

睡莲 / 300

菘蓝 / 036

酸浆 / 079

酸模 / 044

酸枣 / 470

T

唐古特大黄 / 189

唐松草 / 238

天胡荽 / 315

天名精 / 038

田紫草 / 022

贴梗海棠 / 460

铁苋菜 / 072

土人参 / 027

兔儿伞 / 279

W

瓦松 / 112

歪头菜 / 227

万年青 / 256

望春花 / 433

望江南 / 222

委陵菜 / 211

卫矛 / 486

文冠果 / 515

问荆 / 298

乌桕 / 440

乌蔹莓 / 375

乌头 / 191

乌头叶蛇葡萄 / 398

无梗五加 / 548

无花果 / 493

无患子 / 537

五加 / 546

X

西府海棠 / 462

豨莶 / 105

细辛 / 254

细叶百合 / 115

狭叶荨麻 / 108

霞草 / 129

夏枯草 / 061

相思子 / 406

香椿 / 534

小根蒜 / 263

小花鬼针草 / 144

小花黄堇 / 170

小藜 / 204

小香蒲 / 310

蝎子草 / 086

缬草 / 180

猩猩草 / 206

兴安升麻 / 239

杏 / 467

杏叶沙参 / 080

徐长卿 / 131

续断菊 / 161

续随子 / 134

萱草 / 258

旋覆花 / 039

鸭儿芹 / 234

鸭跖草 / 026

亚麻 / 119

烟草 / 056

烟管头草 / 084

盐肤木 / 514

羊乳 / 341

羊蹄 / 040

羊蹄甲 / 499

羊踯躅 / 427

洋金花 / 203

野慈姑 / 307

野大豆 / 373

野葛 / 413

野胡萝卜 / 150

野菊 / 154

野老鹳草 / 183

野茼蒿 / 155

Y

鸦葱 / 266

野西瓜苗　/186

叶下珠　/020

一把伞天南星　/283

一点红　/201

一叶萩　/426

益母草　/209

薏苡　/124

茵陈蒿　/156

淫羊藿　/228

罂粟　/088

樱桃　/464

油桐　/431

鱼腥草　/320

榆树　/479

虞美人　/173

雨久花　/303

玉兰　/434

玉竹　/025

鸢尾　/260

元宝草　/066

圆叶牵牛　/344

远志　/117

月季花　/507

云实　/405

芸香　/175

Z

皂荚　/533

泽漆　/074

泽泻　/305

长春花　/068

掌叶大黄　/188

照山白　/473

柘树　/432

浙贝母　/133

珍珠菜 / 033

知母 / 274

栀子 / 444

直立百部 / 069

枳椇 / 483

中华猕猴桃 / 395

皱果苋 / 041

皱叶酸模 / 045

诸葛菜 / 138

猪毛菜 / 111

猪屎豆 / 235

竹灵消 / 067

竹叶椒 / 511

苎麻 / 087

梓木草 / 024

梓树 / 502

紫花地丁 / 244

紫花前胡 / 146

紫堇 / 169

紫茉莉 / 063

紫萁 / 293

紫苏 / 100

紫藤 / 401

紫菀 / 090

醉鱼草 / 489

酢酱草 / 232